建筑工程施工质量评价标准培训教材

规范组组织编写

中国建筑工业出版社

图书在版编目(CIP)数据

建筑工程施工质量评价标准培训教材/规范组组织编写. —北京：中国建筑工业出版社，2006
 ISBN 978-7-112-08697-9

Ⅰ. 建… Ⅱ. 规… Ⅲ. 建筑工程—工程质量—评价—标准—中国—教材 Ⅳ. TU712-65

中国版本图书馆 CIP 数据核字(2006)第 133374 号

建筑工程施工质量评价标准
培训教材
规范组组织编写

*

中国建筑工业出版社出版、发行（北京西郊百万庄）
各地新华书店、建筑书店经销
北京市密东印刷有限公司印刷

*

开本：850×1168 毫米 1/32 印张：9¼ 字数：249 千字
2006 年 11 月第一版 2010 年 6 月第五次印刷
定价：26.00 元
ISBN 978-7-112- 08697-9
(15361)

版权所有 翻印必究
如有印装质量问题，可寄本社退换
（邮政编码 100037）

本书共有九章内容,分别是概述、评价标准的基本规定、施工现场质量保证条件评价、地基及桩基工程质量评价、结构工程质量评价、屋面工程质量评价、装饰装修工程质量评价、安装工程质量评价、单位工程质量综合评价等。本教材将标准每章每条的具体内容的含义,操作时应注意的事项,逐条进行了讲述,对理解和掌握该标准有很好的帮助,可供施工企业、监理单位和建设单位有关人员使用,也可供工程质量监督人员及管理人员等参考。

* * *

责任编辑:常 燕

参加编写人员

吴松勤	潘延平	梁建民	张玉平	王文铮
张力君	邓颖康	唐　民	杨南方	彭尚银
贺昌元	徐建华	邱　峯	李兴元	景　万
张益堂	侯兆欣	张耀良	刘宴山	许建青
李伟黎	顾勇新			

前 言

国家标准《建筑工程施工质量评价标准》GB/T 50375—2006已于2006年7月发布,自2006年11月1日起施行。这本标准是在《建筑工程施工质量验收统一标准》GB 50300—2001及与其配套的各项施工质量验收规范发布实行后,为了使建筑工程施工质量管理更完善,充分发挥施工企业创优积极性,更好地开展建筑工程质量创优工作,根据建设部建标[2004]67号文通知要求,由中国建筑业协会建设工程质量监督分会会同北京市建委等17个单位组成编制组,共同编制《建筑工程施工质量评价标准》,编制工作由2003年10月开始到2005年9月形成报批稿。经审查批准为国家标准《建筑工程施工质量评价标准》GB/T 50375—2006(以下简称《标准》)。为了更好地宣贯《标准》,标准编制组的编写人员编写了这个培训教材,对贯彻落实标准具有较好的指导作用。

该《标准》是一个新的标准,是在《建筑工程施工质量验收统一标准》GB 50300—2001系列规范的基础上编制的,遵循了其"验评分离、强化验收、过程控制、完善手段"的基本原则,重点突出了过程控制,用数据说话,提高工程质量的均质性、使用功能的完善及工程质量的完美等。

该《标准》内容共分十章。第一章总则;第二章术语;第三章基本规定;第四章施工现场质量保证条件评价;第五章地基及桩基工程质量评价;第六章结构工程质量评价;第七章屋面工程质量评价;第八章装饰装修工程质量评价;第九章安装工程质量评价;第十章单位工程质量综合评价及条文说明等。

  培训教材将每章每条的具体内容的含义,操作时应注意的事项,逐条进行了讲述,对理解和掌握该标准有很好的帮助,可供施工企业、监理单位和建设单位有关人员使用,也可供工程质量监督人员及管理人员等参考。

  本培训教材编写时间较紧,相关专业较多,协调不够,错漏之处难免,敬请同行提出宝贵意见,以便及时改正。

目 录

第一章 概述 ………………………………………………………… 1
  第一节 评价标准编制的原则 ………………………………… 1
  第二节 工程质量验收规范支持体系 ………………………… 7
  第三节 评价标准的术语 ……………………………………… 8

第二章 评价标准的基本规定 ……………………………………… 9
  第一节 评价基础 ……………………………………………… 9
  第二节 评价框架体系 ………………………………………… 14
  第三节 评价要求和评价内容 ………………………………… 28
  第四节 基本评价方法 ………………………………………… 33

第三章 施工现场质量保证条件评价 ……………………………… 40
  第一节 施工现场应具备基本的质量管理及质量
         责任制度 ……………………………………………… 40
  第二节 施工现场应配置基本的施工操作标准
         及质量验收规范 ……………………………………… 42
  第三节 施工组织设计、施工方案 …………………………… 45
  第四节 质量目标及措施 ……………………………………… 47
  第五节 施工现场质量保证条件评分计算 …………………… 48

第四章 地基及桩基工程质量评价 ………………………………… 50
  第一节 地基及桩基工程性能检测 …………………………… 50
  第二节 地基及桩基工程质量记录 …………………………… 67
  第三节 地基及桩基工程尺寸偏差及限值实测 ……………… 73
  第四节 地基及桩基工程观感质量 …………………………… 78

第五章 结构工程质量评价 ………………………………………… 82
  第一节 结构工程性能检测 …………………………………… 82
  第二节 结构工程质量记录 …………………………………… 95

第三节　结构工程尺寸偏差及限值实测 ················· 109
　　第四节　结构工程观感质量 ··························· 112
第六章　屋面工程质量评价 ······························· 121
　　第一节　屋面工程性能检测 ··························· 121
　　第二节　屋面工程质量记录 ··························· 124
　　第三节　屋面工程尺寸偏差及限值实测 ················· 127
　　第四节　屋面工程观感质量 ··························· 130
第七章　装饰装修工程质量评价 ··························· 135
　　第一节　装饰装修工程性能检测 ······················· 135
　　第二节　装饰装修工程质量记录 ······················· 141
　　第三节　装饰装修工程尺寸偏差及限值实测 ············· 145
　　第四节　装饰装修工程观感质量 ······················· 147
第八章　安装工程质量评价 ······························· 156
　　第一节　建筑给水排水及采暖工程质量评价 ············· 156
　　第二节　建筑电气安装工程质量评价 ··················· 176
　　第三节　通风与空调工程质量评价 ····················· 191
　　第四节　电梯安装工程质量评价 ······················· 226
　　第五节　智能建筑工程质量评价 ······················· 248
第九章　单位工程质量综合评价 ··························· 282
　　第一节　工程结构质量评价 ··························· 282
　　第二节　单位工程质量评价 ··························· 285
　　第三节　单位工程各项目评分汇总及分析 ··············· 286
　　第四节　工程质量评价报告 ··························· 287

第一章 概 述

第一节 评价标准编制的原则

一、标准编制过程

根据建设部建标［2004］67号文通知要求，由中国建筑业协会建设工程质量监督分会会同北京市建委等17个单位组成编制组，共同编制《建筑工程施工质量评价标准》。编制组于2003年10月正式成立，通过四次编制组会议和二次骨干协调会，经过初稿、讨论稿反复讨论，形成征求意见稿向建筑施工、监理、监督等单位和主管部门征求意见，对反馈意见进行了认真整理和研究，形成送审稿，于2005年8月2～3日在北京市召开了送审稿审查会。会后编制组对审查会议提出的修改意见进行了多次反复讨论，并将"标准名称及只设一个优良等级"专题向标准定额司做了请示，于2005年10月形成了报批稿。报批稿于2006年7月20日批准发布，于2006年11月1日起施行。

由于本标准是初次编制，没有经验也没有参考模式，是一个创新的工作，在构思评价框架过程中大家想法很多，最后统一到应在现有建筑工程质量验收规范系列标准的基础上，选择指标、提升高度、归纳提炼，要简明扼要、方便使用，能展示工程质量的特点，又便于操作。同时参考了建设部委托清华大学编写的评价体系框架，以及上海市建设工程结构创优手册，北京市结构长城杯工程、建筑长城杯工程的评审标准，江苏省的评优办法，广州地区建设工程质量评优标准（试行）（建筑工程部分）等。但很多地方是新提出的思路，不成熟的地方还较多，只能在今后的实践中不断完善。

二、标准编制的指导思想

1. 总体思路

总的思路是不另立炉灶，也不走原来验评标准的从头做起的路子，要在现有"建筑工程施工质量验收统一标准"系列规范的基础上提高，提出控制要求和统计数据，列出评价项目，建立评价体系。首先思想上要有明确的认识，一定要突出创优的思路，突出预控和过程控制。重点是：

（1）突出"创"字，即创新、创优、创高。

创新：认识上树立创新观念，管理上开拓新思路，技术上开拓新材料、新工艺、新技术。

创优：优化综合工艺，优化控制器具，提倡一次成活，一次成优，过程精品，不断创新质量水平。

创高：不断提高企业标准水平，提高质量目标，达到高的操作技艺和高的管理体系。

（2）突出管理的针对性，以工程项目为目标，研究提高项目管理的标准化程度，不断改进企业标准的规范化水平，提倡制度的完善和责任制的落实。

（3）突出操作技艺，提倡提高操作技能，用操作质量来实现工程质量。

（4）突出预控和过程控制，突出过程精品，一次成优，一次成精品，达到精品、效益双控制。

（5）突出整体质量，达到道道工序是精品，每个过程是精品，整个工程是精品。

（6）评价指标不是面面俱到，列出一些能代表工程质量的指标来，主要是：

① 质量管理的完善。制度、措施齐全，落实、检查及时，不断总结改进。

② 质量的完美。一是结构要安全可靠，包括强度；刚度和稳定性；水平和竖向位置（轴线、标高）；几何尺寸（断面尺寸、平整、方正）。二是安装使用方便，功能保证，使用安全。三是装饰的完美性，包括安全、适用、美观，讲究魅力质量。

③ 用数据来反映质量的水平。包括企业标准化水平程度及有效性数据；工程质量匀质性数据；安全、功能检测数据；工程技术资料的完整程度数据。

2. 考虑的具体方面

(1) 本标准是一个新的标准，这个标准的编制是在《建筑工程施工质量验收统一标准》GB 50300 系列规范的基础上进行编制，遵循了其基本的原则，重点突出过程控制，用数据说话。按照质量验收规范 GB 50300 系列规范"验评分离、强化验收、过程控制、完善手段"的思路，在其验收合格的基础上来评价优良等级。

(2) 本标准有利于落实有关工程质量的法律、法规、质量责任制等；有利于充分发挥市场经济的作用，调动施工单位、建设单位创优的积极性；有利于进一步提高工程质量管理和工程质量。

(3) 优良评价标准指标尽量简明扼要，几个主要指标能将工程质量的全貌反映出来，能引导工程质量走向科学管理。

(4) 优良评价标准的使用对象主要是施工单位和建设单位，以及监理单位及有资格的评价单位，是施工过程的主要责任主体。本标准虽为推荐性标准，但对创优工作的支持是不容忽视的，而且对改进工程质量的管理有重要作用，一旦建设单位、施工单位确定工程要创优良工程，本标准就成为其工程质量验收的强制性标准，达不到本标准优良工程条件的，就不能评为优良，而且对各评选优质工程也是一个好的导向。

3. 优良评价的基础

(1) 工程质量评价

工程质量评价应突出工程质量的特点，应科学合理、简单明了、可操作性强，有较好的预测性、导向性、综合性，能全面评价其质量状况。同时，还应考虑系统性和可比性。工程质量的评价指标是一个较严密的体系，其内容是完整统一的，各部分之间又具有内在的、有机的联系。在工程质量评价指标体系中，这些指标中的每个指标都具有其单独性，相互之间又有不可分割的联系，单个指标随时间和情况的变动，可反映工程质量水平的某些变化和趋势，多个指标的变化可反映工程质量的状况，通过指标的变化比较，可

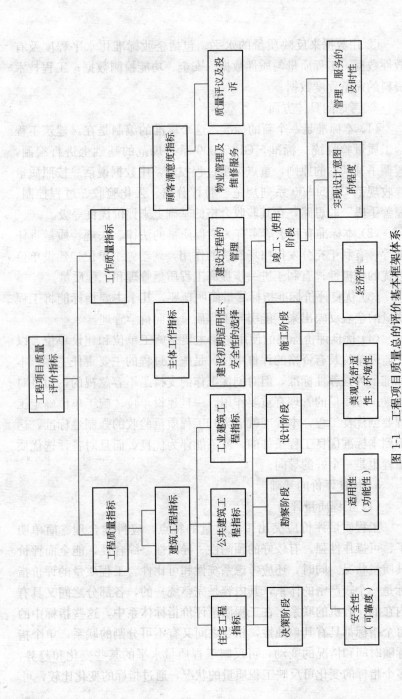

图 1-1 工程项目质量总的评价基本框架体系

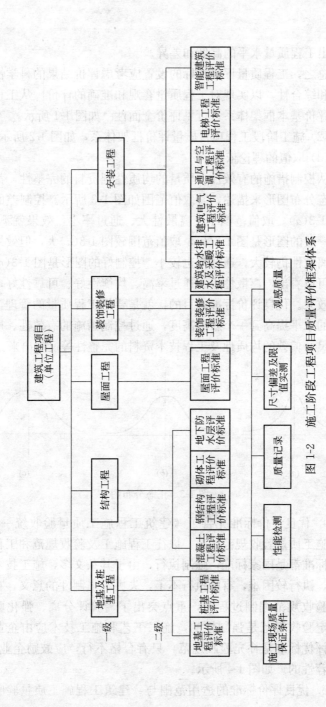

图 1-2 施工阶段工程项目质量评价框架体系

反映出工程质量水平的高低和差异。

总之,工程质量评价指标的设置应考虑评价结果的科学性、全面性和综合性,以实现对工程质量客观和准确的评价。从工程项目总的评价基本框架体系,可见评价全面性。如图1-1所示。

(2) 施工阶段工程项目质量评价框架体系,如图1-2所示。

(3) 取值的理论依据。

从控制措施的有效性、质量的均质性到资料的完整性,都可以用正态分布图形来描述,其取值范围如图1-3所示。控制差的图形是图1-3(a),取值范围小、离散性大、通过率小,效果就不会好。控制一般的图形是图1-3(b),取值范围较图1-3(a)大,但效果也不好,离散性仍较大,通过率也较小。控制好的图形是图1-3(c),从图上可以看出,离散性小、通过率高、均衡性好、可靠性好,是理想的效果。优良评价标准的目的,就是要把工程质量的管理,工程质量的水平提高到一个新的高度,通过控制措施的有效性、质量强度、尺寸偏差的均质性及工程技术资料的完整性等反映出来。

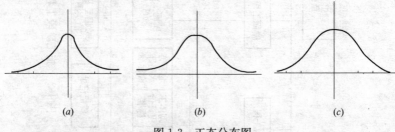

图1-3 正态分布图

4. 优良评价标准完善了《建筑工程施工质量验收统一标准》系列施工质量验收规范体系。以往工程施工及验收规范和工程质量验评标准都是国家标准,强制执行,由于其条文多,施工技术各地不同,执行较困难,有的执行不了,失去了强制性的意义,在工程质量验收规范编制过程中,重点突出了"验评分离、强化验收",只规定验收规范是强制性的,施工工艺和施工技术应由企业来作主。评优标准是补充验收规范,只有合格不行,应鼓励企业创优,是推荐性的。如图1-4所示。

5. 优良评价标准的适用范围与《建筑工程施工质量验收统一

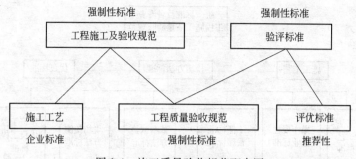

图 1-4 施工质量验收规范配套图

标准》系列施工质量验收规范体系的适用范围一致，适用于建筑工程新建、扩建、改建工程的质量验收，优良质量等级的评定，按评价框架体系评分，总得分大于等于 85 分时，评为优良等级。当总得分达到 92 分及其以上时为高等级的优良工程。

第二节　工程质量验收规范支持体系

《建筑工程施工质量验收统一标准》及与其配套的质量验收规范体系，是根据《中华人民共和国建筑法》、《建设工程质量管理条例》、《建筑结构可靠度设计统一标准》及其他有关规范标准的规定编制的。强调了该系列各专业质量验收规范必须同其统一标准配套使用。本优良评价标准也应同该系列质量验收规范配套使用。

此外，建筑施工所用的材料及半成品、成品等，对其材质及性能要求，要依据国家和有关部门颁发的技术标准进行检测和验收。因此说，本系列标准的编制依据是现行国家有关工程质量的法律、法规、管理标准和工程技术标准。

在执行本优良评价标准时，必须同时执行相应的各专业质量验收规范，本标准是规定质量优良评价工程的评价及质量验收指标；相应标准是各专业工程质量验收规范中指标的具体内容，因此应用标准时必须相互协调同时满足要求。

本优良标准是整个质量验收规范体系的一部分，同时还需要有关标准的支持，见支持体系示意图 1-5 所示。

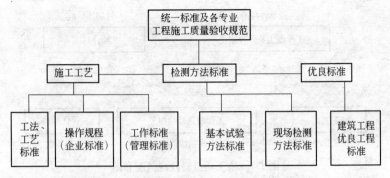

图 1-5　工程质量验收规范支持体系示意图

这个支持体系与以往不一样的是，通过建筑工程施工质量验收系列标准的出台，将原来的"验评标准"和"施工规范"体系废除。单独的一个质量验收系列也是不行的。落实贯彻这个系列规范，必须建立一个全行业的技术标准体系。质量验收规范必须有企业的企业标准作为施工操作、上岗培训、质量控制和质量验收的基础，来保证质量验收规范的落实。同时，要达到有效控制和科学管理，使质量验收的指标数据化，必须有完善的检测试验手段，试验方法和规定的设备等才有可比性和规范性。另外，国家行政部门管理的是最基本的，保证工程的安全性和基本使用功能，具体说来，工程质量合格就行了。如企业和社会要发挥自己的积极性，提高社会信誉，创出更高质量的工程，政府应该鼓励和支持，应有一个推荐性的评优良工程的标准，由社会来自行选用。这就更促进了建筑工程施工质量水平的提高。建筑工程优良评价标准，是质量验收规范的发展结果，又是促进质量验收规范发展的动力。

第三节　评价标准的术语

《建筑工程施工质量评价标准》第二章列出了 11 个术语，是本标准有关章节中所引用的，本标准的术语是从本标准的角度赋予其涵义的，并同时给出了相应的推荐性英文术语名称，这些只在本系列标准中引用。其余仅供参考。

第二章 评价标准的基本规定

第一节 评价基础

一、评价标准出台的背景

建筑工程质量评价是施工质量管理、质量验收中的一个重要内容。现行《建筑工程施工质量验收统一标准》及其配套的各专业工程质量验收规范只设有合格质量等级，这只是加强政府管理的主要手段，确保工程质量达到安全使用功能，否则不许交工使用。这项工作对于施工企业和用户来讲，是最低的质量要求，是企业必须做到的。但是，随着工程建设的发展，广大施工企业随着施工技术水平的提高，质量管理水平的改进，以及人民生活水平的提高，对建筑工程质量的要求也高了，仍停留在较低的满足合格水平上，就满足不了社会的要求。为此，在建筑工程质量验收合格的基础上，制订施工质量优良评价标准，是势在必行。建筑工程施工质量优良评价标准，是在建筑工程施工质量验收合格的基础上的提高，是充分发挥施工企业创优积极性，发展施工技术，提高施工管理水平，提高企业社会信誉，占领建筑市场的重要手段，也为社会创建优良的工程质量做出贡献。这也是广大人民在生活水平日益提高的基础上提出的新要求，不仅生活、生产的场所要能保证使用安全、保证基本的使用功能，还要房屋能更耐用、更方便、更舒适、更环保和节能，也要更协调美观。建筑工程施工质量优良评价标准的颁发，有比较深厚的社会基础，是社会生产发展、物质发展、文明发展的要求，对推动建筑业的发展和社会经济建设发展将会有一定的支持作用。这就是《建筑工程施工质量评价标准》出台的主要背景。

二、评价标准编制的依据

《建筑工程施工质量评价标准》是在《建筑工程施工质量验收统一标准》及其配套的各专业工程质量验收规范的基础上提高的,是与其编制指导思想是一致的,与其控制原则也是一致的。优良评价是在质量合格验收的基础上再进行评价,优良评价不是一个新体系,与施工质量验收规范是一个体系,是在合格基础上的再提高。主要从以下几个方面来提高:

1. 提高控制措施及落实的有效性。制订的质量控制措施简明扼要,有针对性、可操作性,并能很好地落实到施工过程中,能起到很好的指导作用。

2. 提高工程质量的均质性。工程质量由设计确定其强度等级及使用寿命期限,施工过程不能随便提高其强度等级,不然就是改变了设计质量控制,提高了设计等级,也提高了工程造价。施工过程的质量提高主要是加强过程管理,使各项工程的质量水平达到均衡均质,减少离散性并能用平均值,最大最小值限制等来表示。使各工程部位的质量尽可能达到等强度,来提高工程的安全性和使用寿命,也减少经济损失,提高经济效益。

3. 提高使用功能的完善性。工程的价值就是要保证使用功能,但必须在确保工程安全的情况下,确保设计的使用功能,才是真正的保证使用功能。提高施工质量可以把使用功能更好地发挥。其中主体结构、空间尺寸、设备设施的安装、装饰装修效果都直接关系到使用功能和使用效果,把各项质量搞好,就能很好地保证工程使用功能的完善。

4. 提高装饰装修及工程整体效果。工程装饰装修是工程质量的一个重要方面,在工程结构安全得到保证,使用功能得到满足的前提下,工程的装饰效果,对工程本身、周围环境、城市面貌都有重要影响,是不可忽视的一个重要方面,体现了工程的艺术性、社会性、文化性等诸多因素,要实现工程的整体效果,必须在施工过程中精心组织、精心施工、精心操作才能达到目的。

5. 提高工程资料的完整性。工程建设的特点是过程验收,不能完全进行整体测试和试验,而一些过程又会被后边的过程、工序所覆盖,到工程完成时已经看不到,测不到了。这些情况就要靠工程资料来证明和佐证。所以,工程资料包括控制资料、质量记录、验收资料、检测资料等都是工程质量不可少的部分,或者说是工程质量的一部分。经过精心管理,将施工过程各工序质量的验收资料、质量记录,做到真实、及时有效,数据完善,资料齐全,能反映工程质量的全部情况,并为工程的验收、维护维修,未来改造利用发挥作用。工程资料的完整性是工程质量的一个重要方面。

总之,工程质量优良评价标准要从上述五个方面进行综合评价,主要是通过数据及专家评分两个方面来进行评价。其控制模式如图2-1所示。

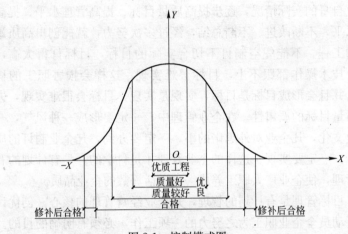

图 2-1 控制模式图

国际上常用的 02 表评价方法:
(1) 数据;
(2) 专家评分。

本评价标准的控制主要内容:
(1) 控制措施及落实的有效性;
(2) 工程质量的均质性;
(3) 使用功能的完善性;
(4) 装饰及效果的讲究性;
(5) 资料的完整性。

三、创优良工程必须加强科学管理

工程创优是一个系统工程,必须是全过程统筹安排,各工序加以控制,管理要到位,措施要有针对性和可操作性,程序过程要有条不紊,操作技能要精湛,要做到一次成活,道道工序是精品,还要注重节约,注重文明安全施工,创造良好的经济效益。

1. 实施创优的工程必须在工程开工前制订创优的质量目标,进行系统的质量策划,做到实施质量目标管理,只有目标明确了,才能根据目标的要求制订有效的控制措施。创优目标是动员企业广大职工积极性的有力武器,只有目标明确了,才能动员企业(项目经理部)的广大职工为创优目标进行工作。创优目标的制订应结合企业自身的实际情况,逐步提高质量目标、提高管理水平、提高操作水平,不断改进、不断总结,经过多次努力,就能创出高质量水平的工程。不能凭空制订不切合实际的目标,目标订得太高,管理、技术操作都跟不上,目标很难实现,这样会损害职工的积极性,并且会形成目标是目标,实现是实现,目标会很难实现,失掉了质量目标的严肃性。在企业管理中,一定要形成一种风气,一种企业文化,凡企业对外承诺的事,一定要办到,凡企业制订的质量目标,一定要实现。这样的企业管理才是科学的,是有计划的有效的管理,使企业广大职工养成一种说话算数的企业品质。

目标管理是有计划的管理,是企业经营管理的核心。创优计划是要动员全企业职工为之努力的一项工作,必须有明确的目的。创优的出发点,一是对合同的承诺,建设单位要求工程创优,这种情况在工程承包合同中一定要明确质量目标的具体要求,明确有关参与方的责任,创优是要有投入的,创优的费用在合同中要明确。有的合同还规定了质量目标的实现结果的奖罚条款,这更要明确目标判定的标准,判定的权限等。二是企业自身创信誉而提出的目标,这也要明确企业内部的责任,将有关要求落实到各部门去。同时,要与外部单位进行沟通,求得支持,只有这样目标才能落实。

2. 创优的工程应推行科学管理。建筑工程质量管理重点是过程控制,要强化过程中工序质量的控制。工序质量管理是创优的基础,各个工序质量控制好了,整个工程的质量就会好的。

（1）创优的工程一定要落实每个工序的质量目标，把每个工序的目标和措施作为工程管理的重点。要从原材料的质量控制开始，不合格的材料不能用于工程。工程所用材料要有合格证、检验复核报告资料来证明其质量合格，要由监理工程师验证认可。

（2）工序施工重点是操作工艺要规范，企业要有适合自己的操作工艺，才能创出自己的质量水平来，每个企业要研究自己的操作工艺(企业标准)，这是代表一个企业标准化程度的重要标志，企业标准就是企业的质量水平。所以，工序质量来源于严格的操作，严格的操作依靠科学的操作标准。企业标准是经过企业技术人员、操作工人自己创造的，是经过实践证明有效的，是达到质量目标的控制措施，经过企业技术负责人批准的企业自己的标准，并在实践中不断完善提高，是创优的基本要素之一。

（3）企业标准是培养企业操作人员的基本教材，是提高操作技能的基础。工人上岗前应经过培训，能达到企业标准的要求，才能正式上岗操作，保证道道工序质量一次成优，严防返工、修理、整改，这样既保证工程质量，加快了工程进度，又能减少浪费，提高企业的经济效益。

（4）工序施工完成后要加强检测验收，这是目标实现的重要阶段——目标考核，验收要经过必要的检测检验，要有具体的数据来说明质量的水平，检测数据要有分析，要能把一些同类项数值进行统计分析，确定其离散程度，来评价其水平及效果。以及进一步将每个工程有关结构安全的数据、使用功能的数据、尺寸偏差、资料齐全程度等，用数据表示出来，来反映工程建设过程控制的水平，达到的质量水平。

3. 评价工程优良一定注重科技进步，环保和节能等先进技术的应用。科技进步、环保、节能等先进技术应用是推进工程质量提高，使用功能完善，建设节约型社会的重要支柱，是推动建筑技术发展、工程质量水平提高的有效措施，也是工程质量的重要内容，应在整个工程建设中加以重视，并在优良评价中给予倾斜支持，使之得到优先发展和重点扶持的机会。所以，优良评价标准除了在质量评价中注意外，还专门规定了直接加分的规定。

四、优良评价标准还应注重企业管理机制的质量保证能力及持续改进能力

企业管理机制的质量保证能力是优良评价的基础,创建优良工程企业必须有完善的质量保证能力。以增强企业活力和竞争力为重点,提高建筑业整体素质;以改革创新精神,紧紧依靠企业做好质量安全技术管理工作,解决生产安全和工程质量问题。

大力提倡增强企业对质量保证能力的建设和持续改进能力。将检查参与工程建设各方履行质量行为的重点,落实到对质量保证能力上。在施工过程中,除了材料、设计文件等基本因素外,施工企业的质量保证能力是必不可少的。这种能力是质量保证的实际能力。除了重视资质、制度文件等,更要注重"实际能力"。实际能力还体现在"持续改进能力"上。一个工程在长时间施工过程中,一点缺陷不出现是不可能的,错了能及时发现,主动纠正,这是企业真实的质量保证能力。

第二节　评价框架体系

评价框架是结合工程特点,参照了有关工程质量评价的方案及各地的评价做法,按照工程的部位、系统划分成若干评价单元,每个评价单元再确定若干个评价项目,每个项目中包括若干内容。将评价单元及评价项目,根据其在工程中占的比重大小及重要程度给出一定的分值,作为权重值。对每个评价项目中的评价内容,根据其内容多少、重要程度,再在其权重值的范围内设定标准分值进行评价。

一、框架体系

按照建筑工程的特点,参照了目前国内有关省的评优标准、评价标准,以及工程质量评价体系的做法,将一个单位工程按照其部位、系统划分为地基及桩基工程、结构工程、屋面工程、装饰装修工程及安装工程等五个评价单元(部分)。对每个评价单元,分别进行评价,然后进行整个工程的评价。其工程质量评价框架体系如图 2-2 所示。

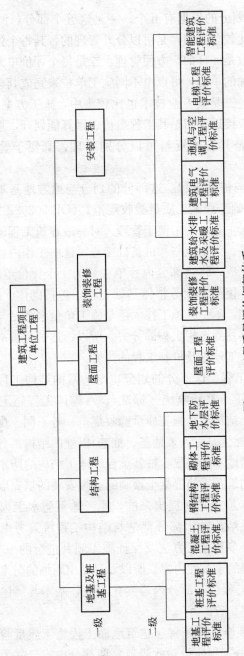

图 2-2 工程质量评价框架体系

1. 框架划分的根据有五个。一是这五个部分（评价单元）因为每个部分是比较单独的，是可以分开管理的，其每个评价单元的评价内容也大致是一样的，方便管理。二是每个评价单元的施工单位也可以是单独的单位，可以由不同施工单位来完成其建设任务，可以进行分包。三是其专业技术也比较集中，施工方案、技术要求、质量指标比较接近。四是其工程造价、预算能划开，单独编制，审核管理。五是其技术资料可以分别整理，既便于管理，也便于检查。

2. 地基与桩基工程。这部分的划分与通常地基基础不同，与《建筑地基基础工程施工质量验收规范》（GB 50202—2002）的内容范围也不同，主要是为了便于管理。对一般建筑工程而言，最常用的是自然地基、人工地基和桩基础工程。这些工作内容也多由专业施工企业来完成。将这部分内容单独列为一个评价单元便于操作。将条形基础、筏形基础等整体基础工程，包括砌体、钢筋混凝土、钢结构等基础，不论其施工技术还是施工单位多数是与结构工程一致的，故将其划到结构工程部分去。所以，地基与桩基工程只包括自然地基、人工地基及桩基工程的内容。

3. 结构工程。这部分的划分也与通常的结构工程不一致，与《建筑工程施工质量验收统一标准》、《砌体工程施工质量验收规范》、《混凝土结构工程施工质量验收规范》等不同。优良评价标准是将地基（自然地基、人工地基、桩基）以外的结构部分全部列入结构工程。包括地基的垫层、桩基承台、地下结构的防水层处理及框架结构块材砌筑及钢筋混凝土预制的墙板安装的填充墙等内容。其地下结构防水层也是新提出来的，原《地下防水工程质量验收规范》中的有关结构防水部分都是与结构工程统筹考虑的防水混凝土，其余部分多是施工方法及保证施工顺利进行的一些防水措施，没有构成工程的永久性内容。所以，只提出附加的防水层。

4. 屋面工程。这部分内容变化不大，基本与《屋面工程质量验收规范》相一致。

5. 装饰装修工程是将《建筑地面工程施工质量验收规范》和《建筑装饰装修工程质量验收规范》两部分内容合并为装饰装修工

程,比质量验收规范更统一了,管理更方便了。

6. 安装工程与质量验收规范一致,包括了《建筑给排水及采暖工程施工质量验收规范》、《通风与空调工程施工质量验收规范》、《建筑电气工程施工质量验收规范》、《电梯工程质量验收规范》及《智能建筑工程质量验收规范》等。安装工程虽然包括五部分内容,但其评价却是单独分开的,单独进行评价,各系统评价后,再汇总到一块,也是比较方便的。

这里要明确的一点是,质量验收规范中没有包括燃气安装工程的内容,故优良评价标准也未包括这部分内容,这是本评价系统的一个缺陷。

二、评价单元(部位、系统)的权重值

为了能用数据来相对定量地评价一个工程的质量水平,我们使用了权重值的方法。即在框架体系中,将每个评价单元(即部位、系统)在整个工程中所占工作量大小及重要程度给出相应的权重值。评价单元(部位、系统)的权重值,见表2-1。

评价单元(部位、系统)的权重值　　　　表2-1

工程部位	权重分值	工程部位	权重分值
地基及桩基工程	10	装饰装修工程	25
结构工程	40	安装工程	20
屋面工程	5		

注:安装工程有五项内容:建筑给水排水及采暖工程、建筑电气、通风与空调、电梯、智能建筑工程各4分。缺项时按实际工作量分配,但应为整数。

在通常情况下,权重值不必再调整,因为各评价单元(部位、系统)达不到合格质量水平(即70分),整个工程将不得再评优良。如确因工程特殊,某一部分工作量所占比重太悬殊时,可作适当调整,其调整方案必须在工程开工前,由建设单位、施工单位、监理单位及评价单位共同确认,且其调整结果必须为整数,不必出现小数。

三、评价项目

框架体系的各评价单元(部位、系统)即地基及桩基工程、结构

工程、屋面工程、装饰装修工程与安装工程等的评价，根据其过程控制的特点及工程质量的要素，将每个评价单元用施工现场质量保证条件、性能检测、质量记录、尺寸偏差及限值实测、观感质量等方面的评价项目来检查评价其质量水平。这样尽管有些评价单元的有关评价项目内容不一定全部等量，但各评价项目内容都有，在二级权重值中可适当做些调整，即可做到比较公平合理。这样各评价单元的评价内容就基本相同了，使用起来比较方便，便于记忆，便于制订表格，也便于相互之间进行比较，同时还可以横向汇总，以此来说明一个单位工程中哪方面的质量水平更好一些，便于有针对性地提出改进措施。

对每个评价单元（部位、系统）的评价项目的权重值，见表2-2。

评价项目权重值表　　　　　　表2-2

序号	评 价 项 目	地基及桩基工程	结构工程	屋面工程	装饰装修工程	安装工程
1	施工现场质量保证条件	10	10	10	10	10
2	性能检测	35	30	30	20	30
3	质量记录	35	25	20	20	30
4	尺寸偏差及限值实测	15	20	20	10	10
5	观感质量	5	15	20	40	20

注：(1) 用各检查评分表检查评分后，将所得分值换算为本表分值，再按规定变为表2-1的权重值。
　　(2) 地下防水层评价权重值没有单独列出，包括在结构工程中，当有地下防水层时，其权重值占结构工程的5%。

四、评价项目的内容

每个评价单元（部位、系统）有施工现场质量保证条件、性能检测、质量记录、尺寸偏差及限值实测和观感质量等五项评价项目。而每个评价项目都列出了范围及项目，基本明确了评价的内容，只要抓住重点，正确掌握，是可以评价出工程质量的水平的。对一些少数项目的具体内容不够详细，可在实际使用中根据工程的具体情况来酌情办理。每个项目的具体情况如下：

1. 施工现场质量保证条件

（1）提出的理由，一是再审查企业，质量保证条件多数情况下是对企业而言的，但优良评价标准的对象是工程项目——单位工程，根据目前施工企业的质量管理情况，质量保证条件不能只去审查施工企业的质量保证条件。因为企业的质量保证条件内容会更多一些，审查起来费事重复，每个工程项目都去审查一遍，也太繁琐，针对性也不强，其内容在招投标中说明已经可以了，不必再查了。二是一些施工企业质量保证条件还停留在企业里边，没有落实到施工现场，只审查企业不行，就是说审查企业代表不了施工现场的具体情况。所以，将质量保证条件的审查落实到施工现场，这是贯彻质量控制的一个有效措施。三是施工现场的质量保证条件审查，只审查其重点内容，直接与工程质量控制相关的，或是说是抽查性质的，不是其全部的，是经过筛选的。只要有这些基本的内容，就能显示其质量控制的主要措施。这些内容对每个评价项目都是一致的。所以，在标准中单独列出，作为公用的内容。这是将质量内容扩张了，是结合工程质量特点，将过程控制措施列入质量评价中去。

（2）评价项目内容，主要是根据《建筑工程施工质量验收统一标准》3.0.1 条的规定，只列出四个方面的主要内容：

1) 施工现场应具备基本的质量管理及质量责任制度，现规定了三项。

① 项目管理组织机构及质量保证体系，这是管理的基本要求，是最基础的东西。项目管理组织机构是项目管理的基础，是质量保证的基础，是质量体系的基础。质量保证体系包括的内容很多，后边讲的一些内容也是其中的，只是又单独提出来，以示重视而已。其包括的主要方面是：

质量管理基本由组织结构、职责、程序、过程和资源五大方面组成。按照质量体系要素，最主要的是管理职责、质量成本和质量体系的原则，将生产的各个过程及方面进行控制，通过检测检验，不合格品控制和纠正措施，使体系完善。

② 材料、构件、设备的进场验收及抽样检测制度，是保证使用的原材料、构配件、设备是合格的，这是保证工程质量的基础，也是质量保证体系的重要内容。能用验收核对的办法检查验收的就

检查验收通过。如直观的办法还不能查验材料、构配件、设备质量的，或按规范规定必须在施工前进行抽样检测的材料、构配件、设备等，应按规定进行抽样检测，检测合格后，才能用上工程。在使用前，还应通过监理工程师审查认可。

③ 岗位责任制度及奖罚制度，也是质量保证体系的重要内容。是将人员、制度、过程、程序和资源统一起来的重要措施。这是将质量要求落实到人的重要措施，是充分发挥人员主观能动性和积极性的基本措施，只有明确了责任，规定了奖罚制度，才能使每个岗位、环节的质量得到保证。

以上三项是保证工程质量的基本制度，是在整个措施制度中筛选出来的，有了这些制度并能落实执行就能保证工程质量。同时，有了这些制度其他辅助制度也会配合出台的，只是只抽查这几个方面就是了。

2) 施工现场应配置基本的施工操作标准及质量验收规范，这些也是质量保证体系的重要内容，这里单独列出来，是要强调这两个方面的重要性。

施工操作标准是控制施工过程的基本文件，是《建筑工程施工质量验收统一标准》及其配套的各专业工程质量验收规范体系中的一个重要支撑体系，是培训操作工人，提高操作技术、操作质量的基本措施，是将操作工作提高到规范化管理，将操作技术真正纳入标准化管理的重要手段，是企业技术水平提升的重要方面，也是企业文化、企业技术水平、管理水平、质量保证水平的重要体现和展示，对提高企业市场竞争能力有决定性作用。故在这里单独提出来审查。

质量验收规范是指施工必须达到的质量要求的技术标准，目前对建筑工程主要是《建筑工程施工质量验收统一标准》及其配套的各专业工程质量验收规范：《建筑地基基础工程施工质量验收规范》、《砌体工程施工质量验收规范》、《混凝土结构工程施工质量验收规范》、《钢结构工程施工质量验收规范》、《木结构工程施工质量验收规范》、《屋面工程质量验收规范》、《地下防水工程质量验收规范》、《建筑装饰装修工程质量验收规范》、《建筑地面工程施工质量验收规范》、《建筑给水排水与采暖工程施工质量验收规范》、《通风与空调工程施工质量验收规范》、《建筑电气工程施工质量验收规范》、《电梯工程施工质量验收规范》和《智能建筑工程质量验收规范》等，以及有关其他现行的建筑工程的质量验收规范。施工的工程都必须按上述规范验收合格才能算完成了建设任务。这是保证工程质量要达到安全、保证使用功能的基本要求，否则不许交工使用。

这两项技术标准的配置也是指施工现场，在企业资料室有的技术标准不算数，在工程正式开工前检查，符合要求后开始施工。

3）施工前应制订较完善的施工组织设计、施工方案。工程施工是一项综合性强的组织管理工作，制订一个切合实际、针对性强、完善的施工组织设计或施工方案，对工程的有计划、有条不紊地进行施工，保证工程质量，提高经济效益，缩短工期是至关重要的，对保证创优目标的实现同样是重要的。

施工组织设计、施工方案的重点有二个方面，一个是针对性，要研究本工程的特点，针对施工的重点、难点，提出合理的有效的措施，组织好人流、物流、设备、材料的优选安排，施工工艺的优化组合，新技术、新材料、新工艺的选择应用等。另一个方面就是要贯彻落实，真正起到指导施工的作用。

4）质量目标及措施。质量优良评价标准的重要作用，不只评价工程质量的本身，还必须注重创优的过程，这是工程质量的特点，首先是有目标，有针对性措施，只有将过程控制好，才能达到创优，否则创优是一句空话。

以上，就是工程质量的保证措施，虽不全面，但可以反映工程质量的控制特点。做好这些工作，工程质量控制就可基本得到保证。

2. 性能检测

工程质量的评价历来是重过程控制，重技术资料的佐证，但对工程性能，特别是综合性能的检测，一直没有很好开展，在《建筑工程施工质量验收统一标准》及其配套的工程质量验收规范编制中，为了强调结构工程质量及使用功能质量，经过规范编制组同志的努力，提出了一些项目进行工程性能检测，虽不是全面综合性能检测，但也是完工后的检测，是施工的结果质量，或部分部位或系统施工结果的质量，这就体现了工程的某些方面的最终质量。具体项目见表2-3。

安全和功能检查项目　　　　　　表 2-3

1	建筑与结构	屋面淋水试验
2		地下室防水效果检查
3		有防水要求的地面蓄水试验
4		建筑物垂直度、标高、全高测量
5		抽气（风）道检查
6		幕墙及外窗气密性、水密性、耐风压检测
7		建筑物沉降观测测量
8		节能、保温测试
9		室内环境检测
1	给排水与采暖	给水管道通水试验
2		承压管道、设备、水压试验
3		卫生器具满水试验
4		消火栓系统试射试验
5		排水干管通球试验
1	电气	照明全负荷试验
2		大型灯具牢固性试验
3		避雷接地电阻测试
4		线路、插座、开关接地检验
1	通风与空调	通风管道严密性试验
2		风量、温度测试及系统试运行
3		洁净室洁净度测试
4		制冷机组试运行调试
1	电梯	电梯运行
2		电梯安全保护装置检测
1	智能建筑	系统试运行
2		系统电源及接地检测

在优良评价中，对每个项目摘要抽取了一项或几项进行检测，以验证其检测数据。

这项内容是评优中的一项重点内容，是代表工程质量水平的主要指标，并且还在其中指定一些项目为否决项目，凡其达不到二档（有的工程没有二档是一档）水平的不得评优。

性能检测也是质量记录的一部分重要内容，为了能更好地评价工程质量，将其单独列出进行评价，这部分内容既是技术资料，也是工程实体质量，更准确地说是用数据说明工程实体质量的。

3. 质量记录

工程建设质量的有关文件资料是记录施工过程质量情况的，在不便于完工后全面检测的工程中，资料就是工程质量的一部分，是佐证工程质量情况的，其中主要是三大部分。

一是材料、构配件、设备的合格证明、进场验收记录及按规定抽样复试记录。

二是施工过程的施工工作情况记录，来记录见证其操作、程序、环境、材料使用的实际情况，以便判定是否正确施工。尤其是一些新工艺、新材料施工、特殊情况风雨天气、夜间施工，以及一些施工过程将前道工序隐蔽，不便再检查的部位等，做好施工记录十分重要。

三是施工试验记录和一些多种成分组成材料的配合比试验单，如混凝土配合比、砂浆配合比、三七灰土、喷浆液配合比等，钢筋连接、钢筋网片焊接效果试验报告等，是施工过程的必要检验检测，来说明施工过程的正确性，工程材料、构件等的性能是否达到质量要求，如混凝土、砂浆强度的验收评定等。

另外，主要的一些工程性能检测记录，也是质量记录，而且是重要的质量记录部分，已经将其单独列为工程的性能检测，作为重点进行检查。

4. 尺寸偏差及限值实测

工程施工操作的尺寸准确程度，在规范中多数是用允许偏差值或限值来表示的，这是表明操作的精度、操作的水平。在工程建设中各构件的大小、长短、高低、前后、左右的位置都是用尺寸来表示的，施工操作中，由于工具、操作方法、材料、操作水平等因素，不能做到与设计尺寸完全一致，其与设计值的误差显示了施工过程的操作精度。所以，评价标准在质量验收的基础上，选择一些有代表性的允许偏差值及限值作为评价的指标，来评价施工操作的技术水平、管理水平、操作精度。

这里要说明的是，这些数值只是质量验收规范中的一部分，只是一种抽查性质的。工程质量的验收要按验收规范规定的全部允许偏差和限值项目验收。

5. 观感质量

在多数产品中，除了其功能、安全的要求用数据等说明外，都有一个外在质量，建筑工程通常称为艺术品之一，其外观外在质量不可忽视，是一个很重要的方面。在通常的产品检查时，在国际上通用 O2 表检查方法。即重点检查两个方面，一是检查通过检查测试得到的科学数据，说明其安全、功能的水平，达到设计要求的程度；二是通过专家的专业知识和结合当前行业发展的技术水平，用身体的器官体验，如看、摸、听等，通过本身的实践经验和技术、专业知识按照标准要求，对工程外观的色彩、布置、尺度比例的协调，尺寸偏差、线条、楞角的顺直，高差、平整、线缝均匀一致协调等，一些饰物、饰面的牢固性、设备、设施器具的位置正确性、使用的方便性，以及一些能看到摸到和感觉到的影响工程使用、观感等项目的质量情况，来判定工程质量的相关水平，给出一个综合性的评价。

在工程质量观感质量检查中，不只是外观质量，有些可操作的地方还可以操作一下，如门窗的开启、关闭，阀门的开关，电源等器具设备的开启使用等，来综合判定。

为了能量化评价工程质量，优良评价标准将每一个项目的观感质量分为好、一般、差三个等级，然后再按标准规定的三个档次来判定，并给出判定的数据。

6. 评价项目权重值的确定

对于每项评价项目，按照其在该工程部位、系统内所占的工作量大小及重要程度，按照整体为 100 分的基数，将各项评价项目的评价结果给予量化。这种量化是一个大致的数据，且不要划分到小数，有小的项目还不便给出分值，如地下防水层等。并且规定了各项目的最低限值，凡出现达不到三档的项目，该工程不能评优。所以，按分配数值评价，不要再变动。具体数值见表 2-2。

五、评价项目的检查评分

每个评价项目包括若干项具体的检查内容，对每个具体的检查内容给出标准分值（也是一个权重值），每项按其内容达到标准的程度，其判定结果分为一、二、三个档次。一档为满分，是最好的，在各项目检查标准中，都给出了规定，其规定全部达到，取 100% 的标准分值。二档为较好的，在各项目检查标准中，也都做了规定，各项指标达到的程度，做不到全部达到标准，还有一些轻微缺陷，但不影响质量指标的安全、使用及外观质量，属于总体上较好地达到了标准规定，取 85% 的标准分值。三档为基本达到标准规定，就是达到《建筑工程施工质量验收统一标准》及其配套的质量验收规范的规定，取 70% 的标准分值。

在各项目中的具体检查内容评出档次后，将实得分值，换算为该评价项目的权重值。如装饰装修工程质量记录检查评价项目，包括：材料合格证及进场验收记录、施工记录及施工试验三部分，每个部分又包括若干个检查内容。

下面举例说明控制的过程，用装饰装修工程来举例：

1. 材料合格证及进场验收记录包括：

（1）装饰装修、节能保温材料合格证、进场验收记录；

（2）幕墙的玻璃、石材、板材、结构材料合格证及进场验收记录，门窗及幕墙抗风压、水密性、气密性、结构胶相容性试验报告；

（3）有环境质量要求材料的合格证、进场验收记录及复试报告。

2. 施工记录包括：

（1）吊顶、幕墙、外墙饰面板（砖）、各种预埋件及粘贴施工记录；

（2）节能工程施工记录；

(3) 隐蔽工程验收记录；

(4) 检验批、分项、分部(子分部)工程质量验收记录。

3. 施工试验包括：

(1) 有防水要求房间地面蓄水试验记录；

(2) 烟道、通风道通风试验记录；

(3) 有关胶料配合比试验单。

按表将每项具体检查内容，根据其资料的数量及资料中的数据，能达到的完整程度，按规定进行判定，按判定结果给出一个档次，即100%的标准分值、85%的标准分值或70%的标准分值，先将各检查项目按判定档次计算判定得分后，再按三项内容分别汇总，求得每项的实得分，见表2-4。

第一项为材料合格证、进场验收记录，三项具体检查内容全有，各项得出判定结果后汇总。如三项内容都有即将判定结果的分相加，即为该项目的实得分，填入实得分栏内。第二项施工记录四项具体内容都有，也同第一项计算得分。第三项施工试验，三项内容都有也是将判定结果栏内的得分相加，填入实得分栏内，即为该项的实得分。

由于在标准制订时应得分栏内的标准分值，都尽量设计为100分，所以，汇总实得分时，只要将判定结果栏内的得分汇总即可(实际上是个得分率，只不过设计各项的标准分值是100，检查项目全有，100不必再调整而已)。但项目不全时，即需将表中的相应项目的实得分汇总与应得分栏内发生项目的应得分汇总相除再求得其得分率，即为该项目的实得分。

表2-4中各项目全部检查完，并分别求得实得分，汇总实得分，并将相应项目的应得分汇总，两者的比值乘以该项目的权重值即为质量记录评价分。

下面将表2-4填写好，举例说明。

六、评价的分阶段管理

工程质量的特点是过程性控制突出，任何一个过程质量的好坏，都会影响到整个工程的质量，特别是在地基及结构工程施工中更为突出。如果基础工程质量不好，上部结构工程的质量再好，也

装饰装修工程质量记录评分表

表 2-4

工程名称	中国经济大厦	施工部位	装饰装修	检查日期	2006年3月5日		
施工单位	北方建设工程有限责任公司			评价单位	勤奋工程咨询公司		
序号	检查项目		应得分	判定结果			实得分	备注
				100%	85%	70%		
1	材料合格证、进场验收记录	装饰装修、保温材料合格证、进场验收记录	10	10			28.5	
		幕墙的玻璃、石材、板材、结构材料合格证及进场验收记录，门窗及幕墙抗风压、水密性、气密性、结构胶相容性试验报告	10		8.5			
		有环境质量要求材料合格证、进场验收记录及复试报告	10	10				
2	施工记录	吊顶、幕墙、外墙饰面砖(板)预埋件及粘贴施工记录	10	10			38.5	
		节能工程施工记录	10		8.5			
		隐蔽工程验收记录	10	10				
		检验批、分项、分部(子分部)工程质量验收记录	10	10				
3	施工试验	有防水要求房间地面蓄水试验记录	10	10			20	
		烟道通风道通风试验记录	10	10				
		有关胶料配合比试验单	10					
检查结果	权重值20分。 应得分合计：90 实得分合计：87 装饰装修工程质量记录评分 $=\dfrac{87}{90}\times 20=19.33$ 评价人员：张松林 2006年3月5日							

会出质量事故，整个工程的质量也不能说好。所以，按照工程建设的特点将优良评价分为工程结构和单位工程两个阶段进行评价管理，是落实工程质量过程控制的一项重要措施。

工程结构质量评价包括地基及桩基、主体结构和地下防水层，是工程的骨架，工程的可靠度、安全性、使用年限主要靠其保证。在这个阶段，一定要求其工程的可靠度要得到保证，并对质量控制的措施严格检查，以便保证地基及桩基和结构质量达到设计要求的强度、刚度和稳定性，以及重要部件的垂直度、轴线、标高和空间尺寸，以保证其使用的基本空间要求。同时提出了匀质性的要求和性能检测及地下防水层检验的要求。故将这个阶段控制及质量评价单独列出，作为阶段性进行质量评价，并规定了评价内容，作为优良评价的前提，工程结构质量评价达不到优良的，单位工程不能评价优良。

单位工程质量评价是工程质量的全面评价，包括工程结构、装饰装修、屋面工程及安装工程等。单位工程质量优良评价是在工程结构质量评价的基础上进行整个工程的质量评价。

工程结构、单位工程优良质量的评价标准，评价总得分都应分别达到85分及其以上。同时，为了能给企业一个更好的发展机会，又提出了总得分达到92分及其以上，为高等级的优良工程。

第三节　评价要求和评价内容

建筑工程施工质量优良评价标准是促进施工过程加强工程质量管理，达到提高工程质量的一个重要措施，其标准的重点不在评价，而是在过程控制，以促进施工中加强质量管理，只有这样才是真正领会该标准的精神。所以，标准中提出了一系列的质量控制要求。

一、质量控制的主要要求

1. 明确评价验收单位。建筑工程施工质量优良评价应在施工前或施工初期确定评价验收单位，由其在工程质量合格验收的基础上，进行质量优良评价的验收。

2. 制订创优措施。建筑工程的优良评价，应在该项目施工前确定，经过建设单位、施工单位共同研究，并参考监理、设计单位的意见，确定创优目标。目标一定要实事求是，留有余地。目标一经确定，就必须努力实现。确定创优的工程应在施工合同中明确甲乙双方的质量责任，明确奖励和处罚的规定。施工单位必须根据创优目标，在施工前，分阶段分专业，制订具体的、具有针对性的、可操作性强的有效的创优措施，作为施工组织设计的重要组成部分。在施工前要经过监理机构专业监理工程师的审查认可，落实到工程项目班子的整个工作计划中去。

3. 工程质量优良评价分为二个层次。首先施工单位施工完成后，应自行按企业的操作规程、技术交底或创优质量措施进行检验评定，符合企业操作规程和创优目标，做出记录。然后交项目监理机构监理工程师进行质量合格验收，在达到一定阶段时，即地基、桩基完成，结构工程完成，屋面工程完成，装饰装修工程完成，安装工程中的一项工程完成等。评价人员进行质量优良评价验收，必要时评价机构的人员还可进行抽查。施工单位质量检查员、项目技术负责人及有关人员应按规定对检验批、分项、分部（子分部）工程逐项验收，符合要求，按程序签字后交项目监理部进行验收，监理工程师必须在规定时间内按程序逐项完成验收，验收合格签字认可。

单位（子单位）工程的检验评定，施工单位应由项目技术负责人、项目经理组织技术、质量部门技术人员进行全面检验评定，检查有关工程资料，编写竣工验收报告，交监理和建设单位进行质量验收。在进行正常竣工验收程序的同时，并按《建筑工程施工质量评价标准》和创优规划对创优目标的落实情况进行检查做出评价，对达到创优目标的情况，按规定做出记录，交评价机构进行全面评价。评价验收单位应按《建筑工程施工质量评价标准》和有关程序进行评价验收。

4. 工程质量优良评价应分工程结构和单位工程两个阶段进行。工程结构质量优良评价，应在地基及桩基工程、结构工程以及附属在地下结构上的地下防水层完工后，并且地基及桩基、结构工程和地下防水层验收合格后，才进行工程结构质量优良的评价。单位工程质量优良评价要在工程结构质量优良评价达到要求，并经过质量验收达到优良标准后才进行。工程结构质量优良评价验收达不到规定优良要求的，单位工程施工质量优良评价就不需要再进行评价验收了，因为其已失掉了评价优良的基础。

5. 工程结构和单位工程质量优良评价验收。评价验收应由评价验收单位按工程结构质量优良的评价内容逐项检查，在检查有关监理单位验收资料的同时，在工程结构施工过程中，还可对施工现场进行必要的抽查。多层建筑不少于一次，高层、超高层及规模较大的工程和结构复杂的工程应增加抽查次数。每次抽查项目的质量状况及数据等情况应做好抽查记录。

单位工程质量优良评价时，应对整个工程的质量状况包括有关工艺设备的安装、装饰装修、使用功能的情况等，对工程的实体质量和工程技术档案资料进行全面检查。对工程实体质量的检查也应做好记录。对工程技术资料档案检查也应按规定的表格进行分别整理分析，做出评价结论。

对施工过程施工现场的抽查和竣工后对工程实体质量的检查，其目的有二个。一是对工程实体质量有一个直接的了解，从感性和直接检查工程质量的实际状况；二是从中了解、验证监理单位、施工单位验收和检查评定工程质量掌握验收标准的正确程度，以验证其验收资料的准确性，以便对工程结构和单位工程质量优良评价，做出较全面的评价。

6. 工程结构和单位工程质量的优良评价，应有评价验收单位按规定的程序验收认可达到优良评价的要求，并分别给出评价报告。评价单位可由建设单位、施工单位或二者联合委托监理单位或有资格的专业、行业协会等中介机构。

二、质量优良评价的内容

评价验收单位在施工单位自行对优良工程检验评价的基础上，应按《建筑工程施工质量评价标准》全面进行评价，其评价是贯穿在施工过程中的，在工程开工前或开工初期就应对施工现场质保条件检查验收，当一个阶段完工就验收一个阶段。主要内容包括：

1. 对工程项目施工现场质量保证条件进行检查或查阅监理单位的验收资料。

2. 对一些分项工程实测的允许偏差和限值的数据抽样进行统计，必要时也可实际测量，以验证数据的准确程度。

3. 对竣工检测项目的检测报告进行全面核查，必要时也可参与检测过程的检测，以便了解检测的规范性及有关结果是否达到设计要求。

4. 对工程的观感质量及全面的工程实际质量进行全面检查。

5. 对工程的质量记录资料按规定分别进行全面核查，对其资料项目、数量及资料中的数据进行核对。

6. 在评价标准中，除正常的工程实体的评价内容外，评价标准还提出了一些和当前一些有关政策性要求的项目，促进工程质量更完善，更具有长远的良好功能。这就是科技、环保、节能以及工程中的重要项目等方面的要求，作为质量优良评价中的加分项目和否决项目。

7. 工程结构质量优良评价内容。工程结构质量优良评价包括地基与桩基工程和结构工程质量，其项目的评价按照《建筑工程施工质量评价标准》第4章、第5章和第6章的有关表格，逐项进行检查给出分值，并进行统计分析做出评价，按程序计算有关权重分值。并按评价标准规定对加分项目和否决项目进行审查。最终对工程结构优良评价做出结论。工程结构质量优良评价达不到优良标准的，单位工程质量优良评价就不必再进行。

8. 单位工程质量优良评价内容。单位工程质量优良评价包括地基与桩基工程、结构工程（包括地下防水层工程质量）、屋面工程、装饰装修工程和安装工程的质量，其项目的评价，按照《建筑工程施工质量评价标准》第4章至第9章的有关表格，逐项进行检查评价给出分值，并进行统计分析做出评价，按程序计算有关权重分值。并按评价标准项目的评价规定，对特色工程加分项目和否决项目进行审查，还要审查工程结构评价是否达到优良评价要求，最终对单位工程优良评价做出结论。凡出现否决项目达不到评价要求,或工程结构质量优良评价达不到规定要求的单位工程不得进行质量优良的评价。

9. 工程结构、单位工程的特色工程加分项目和否决项目。

(1) 有以下特色的工程可适当加分,加分为权重值计算后的直接加分,加分只限一次。

① 获得部、省级及其以上科技进步奖,以及使用节能、节地、环保等先进技术获得部、省级奖的工程可加 0.5~3 分;

② 获得部、省级科技示范工程或使用先进施工技术并通过验收的工程可加 0.5~1 分。

加分项目必须有真实有效的证书,经过评价验收单位对原件检查认可,将复印件附在评价资料中,并注明原件存放处,以便必要时的查验,评价验收人员签字认可。

加分只加一次是指一个工程项目可能同时获得数项加分项目时,只将其中加分最多的一项列上,作为加分,其余项目不得再计算加分。

加分是在工程结构或单位工程各项权重值计算后直接加分,不再受权重值的影响。如工程结构或单位工程评价得分各项权重值计算后评价得分为 81 分。工程特色加分有一项获得建设部节能一等奖的加分项目,应加分 3 分,该工程结构或单位工程评价得分为 84 分。再有其他项目的奖状等证书也不再加分,即工程特色加分,最高为 3 分。

(2) 工程结构、单位工程施工质量凡出现下列情况之一的不得进行优良评价。

① 使用国家、省明令淘汰的建筑材料、建筑设备、耗能高的产品及民用建筑挥发性有害物质含量释放量超过国家规定的产品;

② 地下工程渗漏超过有关规定、屋面防水出现渗漏、超过标准的不均匀沉降、超过规范规定的结构裂缝,存在加固补强工程以及施工过程出现重大质量事故的工程;

③ 评价项目中设置否决项目,其评价得分达不到二档,实得分达不到 85% 的标准分值;没有二档的为一档,实得分达不到

100%的标准分值。否决项目包括：

地基及桩基工程：地基承载力、复合地基承载力及单桩竖向抗压承载力；

结构工程：混凝土结构工程实体钢筋保护层厚度、钢结构工程焊缝内部质量及高强度螺栓连接副紧固质量；

安装工程：给水排水及采暖工程承压管道、设备水压试验、电气安装工程接地装置、防雷装置的接地电阻测试、通风与空调工程通风管道严密性试验、电梯安装工程电梯层门与轿门测试、智能建筑工程系统检测等。

以上这些内容是反映工程质量的重要指标，是保证工程结构的可靠性，重要使用功能和工程质量控制水平的项目。

凡出现上述一项内容的，该工程不得进行优良评价。这项工作可在进行工程结构或单位工程质量优良评价初，就可查对这些项目，不必在经过计算，分析了一大堆资料，最后出现了上述内容中的项目，再停止优良评价，以免浪费精力。

第四节 基本评价方法

优良评价标准将每个工程部位、系统的评价，根据工程建设质量的特点从五个方面来评价。即：施工现场质量保证条件、性能检测、质量记录、尺寸偏差及限值实测和观感质量等。对这五个方面的评价，尽管各部位、系统有各自的要求，但也有很多共同的要求，故将其共同要求的东西，用基本评价方法表示出来。如在各部位、系统评价中没有特殊的要求就按基本评价方法进行，如有特殊的要求，以及施工现场质量保证条件的评价，在该项内容后，再说明其具体的评价方法。

一、关于"性能检测"检查评价的基本方法

检查标准：检查项目的检测指标（参数）一次检测达到设计要求、规范规定的为一档，实得分取100%的标准分值；按有关规范规定，经过处理后达到设计要求、规范规定的为三档，实得分取70%的标准分值。

检查方法：现场检测或检查检测报告。

工程质量性能检测是对工程实体质量，在工程完工后进行的检测，这些质量要求在设计图和工程质量验收规范中，都有明确的数据规定，是对工程质量最直接的检查，是判定工程的部位、构件、系统按设计要求施工，工程施工结果是否达到了设计要求最直接的数据。

由于这个指标必须保证达到，不然工程质量就不能判定为合格。同时，由于这些指标是反映工程质量本质的，没有上下限可调整，如果将指标调高了就改变了设计的可靠度，如降低则降低了工程的可靠度，故通常是检测数据达到了设计要求就判为合格。在质量保证条件措施的控制下，施工完成后一次检测达到设计要求和规范规定的为符合要求，就设定为一档，取100％的标准分值，经过处理（包括加固补强，返工处理等）才达到设计要求和规范规定的为三档，取70％的标准分值。

因为这些指标不能调高或降低，所以没有二档的规定或很难再分出二档的规定。如果经过处理还达不到三档的，整个工程不能评合格，更不能进行优良评价了。所以不论采取任何措施进行处理，都必须达到设计要求和规范规定。

如果性能检测项目是列为否决项目的，该项目的评价得分达不到二档，没有二档的必须达到一档，才能进行优良评价。凡工程项目中出现一项否决项目达不到二档，没有二档的达不到一档，该工程项目不能进行优良评价。

性能检测项目，检测的费用一般都较高，检测的程序也较繁杂，有些项目检测还会给工程质量造成一定的损害，故在通常情况下不宜在一个工程上，同样的检测项目，做二次或更多次的检测。施工单位、监理单位、优良评价验收单位最好能共同委托有资格的单位进行检测，尤其是优良评价验收单位，在检测过程参与进去，了解检测设备、方法、程序、取点等是否符合规范规定。通常不要另行再检测，在了解了检测是符合要求，或相信监理单位旁站或验收结果的，多数是检查检测报告，看其检测结果、数据是否达到设计要求和规范规定。

二、关于质量记录检查评价的基本方法

检查标准：材料、设备合格证(出厂质量证明书)、进场验收记录、施工记录、施工试验记录等资料完整、数据齐全并能满足设计及规范要求，真实、有效、内容填写正确，分类整理规范，审签手续完备的为一档，实得分取 100% 的标准分值；资料完整、数据齐全并能满足设计及规范要求，真实、有效，整理基本规范、审签手续基本完备的为二档，实得分取 85% 的标准分值；资料基本完整并能满足设计及规范要求，真实、有效，内容审签手续基本完备的为三档，实得分取 70% 的标准分值。

检查方法：检查资料的数量及内容。

质量记录是说明工程质量的重要佐证，是从工程技术资料中摘录出来的与工程质量直接有关的工程技术资料，归纳为质量记录。又将质量记录分为三部分。第一部分是材料、设备合格证(出厂质量证明书)、进场验收记录，也包括构配件、成品、半成品在内，同时也包括抽样检验试验资料，是说明工程使用的材料、设备是符合设计要求的，是合格的产品，是保证工程质量的基础。检查其记录是核查质量保证条件执行的情况。第二部分是施工记录，施工中的一些工序的做法、程序，对工程质量的影响较大，在施工验收规范中，对一些工序都提出了要做好施工记录的规定，如打(压)桩记录、混凝土浇筑记录等。这些资料可佐证施工中施工现场质保条件的落实情况，工程质量保证措施的针对性、有效性等，是说明工程质量的一个重要方面。第三部分是施工过程中，有关要求试验、检测、检查的试验报告，配合比试验单等能有数据和检验结果的记录文件。这些是施工过程质量控制的重要记录。将这三部分作为质量记录进行检查，是工程质量检查的重要内容，作为工程质量优良评价一项内容是应该的。

如何判定这些质量记录资料是否达到了要求，是一项比较复杂的事情，《建设工程质量管理条件》中规定，质量资料要完整，对完整的解释现在也没有一个标准的答案，故在这里按照一些通常的做法提出了判定的规定。就是对质量记录资料的数量和质量(资料中的数据、检验结果内容)进行检查和判定。

首先是对质量记录资料的数量判定,查应该有的资料项目中的主要资料是否有了。如材料合格证(出厂质量证明书)、进场验收记录。在钢筋工程中,受力钢筋的合格证、进场验收记录、抽样检测报告资料都有,其代表数量和工程中使用材料的数量基本相符,其中用于箍筋的钢筋没有出厂合格证,有抽样试验报告及进场验收记录,有监理工程师认可记录,其资料数量就算符合要求。第二是判定资料的数据,在资料中,包括合格证(出厂质量证明书)、抽样检验报告,其中有关材料性能的主要数据和结论是否达到设计及规范要求,如钢筋试验报告中的抗拉强度等力学性能,冷弯试验是否符合规定;对抗震设防的框架结构,一、二级抗震等级,其强度实测值:(1)钢筋的抗拉强度实测值与屈服强度实测值的比值不应小于1.25;(2)钢筋的屈服强度实测值与强度标准值的比值不应大于1.3。如需进行焊接或发现脆断或力学性能显著不正常时,应有化学成分及专项检验结果,资料是真实的,内容填写正确,才能判定该项检测资料是有效的资料。所以,对质量记录检查结果的判定,只要资料完整,项目不缺,项目中的主要资料有了,就可判定资料完整;数据齐全判定就是资料中的主要数据,检验结果有其主要数据,并且符合要求,即判定为有效的资料,即为数据齐全。资料完整数据齐全是统一的,两者缺一不可,是两者同时达到要求,才能判定,并且跟在后边的"并能满足设计及规范要求,能保证结构安全和重要使用功能"一句话很重要。这就要求检查者要有一个宏观的判定能力,能判定材料、设备是符合设计要求,用上工程能保证工程质量。

以上是资料本身的要求,并对资料的收集整理提出了要求,资料分类整理规范,主要是指能及时与工程进度同步将资料收集整理,没有材料、设备的合格证或抽样复查报告不符合要求,或资料不完整或对材料的资料有疑问时,不能用上工程的材料。资料整理分类有序,有总目录、分目录,便于查找。进场验收记录,监理认可等资料有关人员的签字单位印章完备的,即质量记录资料为一档为满分,100%的标准分值。对资料本身的要求与上述相同资料整理欠缺的,资料整理基本规范,审签手续基本完备的,是指整理较久缺，目录不完善，查找不太方便，或审签手续虽不完备，但能分清责任，判为二档，为85%的标准分值。对资料本身也只能达到基本完整、整理审签手续也基本完备的，判为三档，为70%的标准分值。

三、关于尺寸偏差及限值实测检查评价的基本方法

检查标准：检查项目为允许偏差项目时，项目各测点实测值均达到规范规定值，且有80%及其以上的测点平均实测值小于等于规范规定值0.8倍的为一档，取100%的标准分值；检查项目各测点实测值均达到规范规定值，且有50%及其以上，但不足80%的测点平均实测值小于等于规范规定值0.8倍的为二档，取85%的标准分值；检查项目各测点实测值均达到规范规定的为三档，取70%的标准分值。

检查项目为双向限值项目时，项目各测点实测值均能满足规范规定值，且其中有50%及其以上测点实测值接近限值的中间值的为一档，取100%的标准分值；各测点实测值均能满足规范规定限值范围的为二档，取85%的标准分值；凡有测点经过处理后达到规范规定的为三档，取70%的标准分值。

检查项目为单向限值项目时，项目各测点实测值均能满足规范规定值的为一档，取100%的标准分值；凡有测点经过处理后达到规范规定的为三档，取70%的标准分值。

当允许偏差、限值两者都有时取较低档项目的判定值。

检查方法：在各相关同类检验批或分项工程中，随机抽取10个检验批或分项工程，不足10个的取全部进行分析计算。必要时，可进行现场抽测。

四、关于观感质量检查评价的基本方法

检查标准：每个检查项目的检查点按"好"、"一般"、"差"给出评价，项目检查点90%及其以上达到"好"，其余检查点达到一般的为一档，取100%的标准分值；项目检查点"好"的达到70%及其以上但不足90%，其余检查点达到"一般"的为二档，取85%的标准分值；项目检查点"好"的达到30%及其以上但不足70%，其余检查点达到"一般"的为三档，取70%的标准分值。

检查方法：观察辅以必要的量测和检查分部（子分部）工程质量验收记录，并进行分析计算。

1. 工程观感质量检查的重要性

工程观感质量是对工程实体总体质量的一项全面检查，不只是表面质量。如工程的总体效果，包括内、外装饰装修的质量情况、质量通病；一些简单的操作功能，门窗的开启灵活、关闭严密，一些可动的设备，空调、风机、水泵、电气开关，智能系统的试运行；一些可见的工程部位，如吊顶内的管线布置、管井内的管道可见段、地沟内的管线等，可打开检查；工程的细部质量可详细检查；有些项目还可借助简单的工具检查，如一些尺寸大小、垂直度、抹灰层的空鼓、一些吊挂件的固定牢固情况等；甚至工程出现不均匀下降、裂缝、渗漏等质量问题等都可发现。所以，工程观感质量检查是一项工程实体质量整体的、宏观的全面检查，不仅是施工质量，有些设计上的问题也可反映出来。总之，工程的观感质量应该得到应有的重视。

2. 工程观感质量的检查

工程质量的观感质量检查方法很多，观感检查项目很多，检查标准又较难定量化，有的只能定性又无法定量，掌握起来较难，常常会受到检查人的情绪、专业技术水平、公正性等影响，所以观感质量检查时，要不少于3人，三个人中并要有一个组长为主持人，掌握标准要以他的意见为主，确定评定等级。作为评定观感质量的组长，也要尊重参加检查人员的意见，依据标准主持公道、公正，正确评价工程的观感质量。

3. 工程观感质量检查的标准

工程观感质量检查标准由于项目多，不宜定量，但并不是无法检查。在进行工程观感质量检查时，要靠检查人员的技术水平，公正执行标准，严密的监督管理制度来判定其质量等级。所以，在制订优良评价标准时，参照《建筑工程施工质量验收统一标准》等系列验收规范，将观感质量的项目列出来，将每个观感检查项目的质量标准分为好、一般、差三个档次，按检查点，分别评出各点质量等级。这个点的质量等级是一个综合性质量等级，是综合各方面的质量情况来评价的。如地基及桩基工程观感质量，对天然地基而言，有标高、表面平整及边坡三个项目。一是检查地基的挖土后标高控制在±10mm，宏观从整体挖土后的基底标高的情况，看其标高控制点及其他部位全部控制在偏差范围之内的情况后判定；二是表面平整，标高是控制基底平面的高度，表面平整是控制在标高高度的高度一致性，即检查表面平整情况，包括边坡的表面平整及基槽两边表面的平整情况等，在观察后综合评价；三是边坡，重点是检查边坡的坡度符合不符合土质放坡要求，在正常情况下或在基础施工期内，会不会产生塌坍等，以及基槽周边有没有影响边坡安全的堆放物及排水措施是否得当等情况后判定。

这些情况可分段检查，也可全部检查后分别判定。

检查判定标准：当检查点90%及其以上达到好，其余检查点达到一般的为一档，或全部检查后，判定90%及其以上部位（面积）能达到"好"，即都控制在允许偏差的范围之内，或比允许偏差控制的还好，即使有少数部位达不到上述要求，也可达到"一般"的标准要求，即可判定哪个检查子项目的档次，各子项目都判定为"好"的，这个项目就可判一档。如有子项目判为"好"的达到70%及其以上，不足90%的，其余达到"一般"的，则该项目判为二档。如子项目判为"好"的达到30%及其以上及不足70%的，其余达到"一般"的，则判为三档，否则判为不符合要求。

第三章 施工现场质量保证条件评价

第一节 施工现场应具备基本的质量管理及质量责任制度

一、施工现场的检查

这里要核查的工程质量管理及工程质量责任制度，必须是在现场检查，一些基本的工程质量管理制度可以是公司制订的领到施工现场来，但有一些必须是针对本工程项目的，或是在公司管理制度的基础上，针对工程项目的特点，做出必要的补充。

二、检查内容

施工现场的质量管理和质量责任制度很多，但基本的这里选择了三项，在这里评价时，就按这些内容来评价，其他的制度有没有都不管他了。这些制度是：

（1）现场项目部组织机构健全，建立质量保证体系并有效运行；

（2）材料、构件、设备的进场验收制度和抽样检验制度；

（3）岗位责任制度及奖罚制度。

1. 现场项目部组织机构健全，建立质量保证体系并有效运行。

质量管理是一项系统性的活动，是一个工程建设项目全部管理的一部分，质量是与组织内每一个成员相关的。对施工现场一个工程项目的质量管理由组织管理机构的最高管理者承担，并落实到组织内每个成员。所以，首先提出了现场项目部组织机构健全。机构健全是一个原则性的话，但落实到工程项目上，就是要将影响工程质量主要因素都得到控制，能将工程质量的责任都落实了，就是组织机构健全，包括部门、人员质量责任分工明确，有检查制度和执行人，有处罚措施和质量改进的活动等。

质量保证体系是项目部组织机构内的一个重要方面，质量保证是一个有计划、有目的、有系统的活动，也是一个质量活动的过程和组合，这个体系对内使大家相信自己的工作和努力会达到"目的"，同时，又能够对外部（需方）提供信任，提出可信的措施、证据，使建设单位、监理单位相信你的组织活动的措施和实施，是能保证工程质量，能提供满意的工程质量。

2. 材料、构件、设备的出厂合格证、进场验收制度和抽样检验制度。

工程质量控制是一个系统工程，质量管理及保证体系包括对材料的控制。对工程质量来讲，这是一项重点控制程序，使用合格的符合设计要求的建筑材料、构件、设备来建造工程，才能保证工程质量。所以，又单独将其列出来重点进行检查。这是由工程建设特点所决定的。是把质量管理制度、责任制度具体到工程建设上来的具体体现。抽样检验制度是控制建筑材料、构件、设备的一项重要手段。对影响工程安全、使用功能及有关质量的材料、构件、设备，在一般检查中是难以确定其质量状况的，必须按设计或规范要求进行抽样检测，对此应制订制度，将其落实。

3. 岗位责任制度及奖罚制度。

这些制度也是质量管理制度，也是质量保证体系的一部分。针对工程项目的管理，将有关责任落实到岗位上去，所以，又将其单独列出来重点进行检查。岗位责任制度及奖罚制度，实际上是一个制度，为了突出岗位责任制度的落实情况，才将奖罚制度单独提出。实际检查中，只要有奖罚内容就行，不一定有专门的制度文件。岗位责任制度是质量责任制度的重点，检查结果中必须单独写出其检查结论。

检查的施工现场质量管理及质量责任制度应用表 3-1 进行登记。

三、评价等级

评价质量管理和责任制度时，将其分为三个档次。

工程施工现场质量管理及质量责任制度审查表　　表 3-1

序号	资料项目名称	资料文号批准情况	评价结果
1	项目部组织机构		
2	质量保证体系及运行		
3	材料、构件、设备进场验收制度		
4	抽样检验制度		
5	项目部人员分工及岗位责任制度		
6	奖罚制度		

评价结果：

评价人：　　年　月　日

注：如每个项目中有多项资料时可编顺序号。

一档是制度健全，能落实的。即列出的三项内容都有了，主要项目有针对本工程的规定（补充）即为健全。能落实即为有检查制度和实行奖罚制度的，并已有实行记录和落实检查责任人的，以及参考以往该单位质量责任制度执行情况较好的。

二档是制度健全，能基本落实的。制度健全与一档要求一样，落实上有一定差别，有检查制度，但落实检查责任人不够具体，为基本执行。

三档为有主要质量管理及责任制度，能基本落实的。制度只有主要项目（部位、工种），或管理制度、责任制度只是公司制订的，工程项目没有补充内容，或一些管理及责任制度只在施工组织设计中或有关管理制度中有规定，没有专门的文件规定等，都算主要项目有制度了。能基本落实的同二档的要求。即使有健全的制度，不能达到基本落实的也不能评价为三档，应评价为不合格。

第二节　施工现场应配置基本的施工操作标准及质量验收规范

一、施工现场检查

施工操作标准和质量验收规范是基本的标准规范内容，必须是在施工现场检查。针对该工程项目内容的操作标准和质量验收规范内容很多，现场检查是对该工程项目具体内容所需要的操作标准和验收规范。企业中有的领过来就是，必须在现场准备好，并贯彻执行。

二、检查内容

检查内容包括两部分，即施工操作标准、质量验收规范。这是工程建设保证工程质量的最基本的质量保证措施。

1. 施工操作标准是保证工程质量的基础，是施工管理人员和操作人员必须遵守的基本要求。如果没有施工操作规程，工程就不知道会干成什么样子，更不用说保证工程质量了。俗话讲"没有规矩不能成方圆"，这是个基本的道理，想要使工程质量达到预期的目标，必须制订施工操作规程、工艺标准、操作工艺等基本的操作程序规范，只有将每一步操作按规定做好，才能保证工程质量，不然保证工程质量就是一句空话，所以将施工操作标准作为施工质量保证条件的一项重要内容提出来，单独进行检查评价。

2. 质量验收规范。操作标准是事前控制，这些操作标准是通过施工实践总结出来的，只要按操作标准施工，正常情况下就能保证工程质量，但达到的程度如何，还必须按质量验收规范的规定，逐项进行验收才能评价工程施工结果达到工程质量水平的程度。质量验收规范是统一评价施工质量的标准，是国家规定必须达到的质量要求，这样工程的安全性、使用功能才能得到保证，否则工程不许交付使用。

所以，这两项内容单独列出来进行审查是十分必要的。

三、施工操作标准和质量验收规范的评价，按三个档次来表示其评价结果。

一档是该工程项目所需的工程质量验收规范齐全，主要工序有施工操作标准(工艺标准、企业标准、操作工艺都算数)。

施工质量验收规范是国家制订的(也有些内容有地方制订的标准、规范)，只要配置到位就行了。对房屋建筑工程而言，就是《建筑工程施工质量验收统一标准》系列验收规范，以及一些地方制订的补充质量验收规范，如地基、节能、新材料、新工艺方面的少数分项工程的质量验收规范等，应该是针对工程项目的内容配置齐全。施工操作标准是企业自己制订的企业标准，是针对操作程序、材料、环境、技术水平等制订的。由于以往各企业及管理部门要求不严，有些企业制订的不够完善，所以施工质量评价标准提出来，主要工序有施工工艺标准就算一档。主要工序是指影响结构安全、使用功能的工序，可以在施工前，施工单位和监理单位或是质量优良评价单位，共同列一个清单出来见表 3-2，就不会发生分歧意见了。

工程主要工序明细表　　　　　　　　　　　表 3-2

序号	主要工序名称	施工操作标准名称及编号

有操作标准工序的数量/主要工序数量＝

检查人：　　　年　月　日

二档是质量验收规范齐全同一档；施工操作标准主要施工工序有 1/2 及其以上就行了。如果列出该工程的主要工序清单来，这 1/2 及其以上也很好计算。就是不能少于 1/2。

三档是主要项目有相应的质量验收规范，即有国家工程质量验收规范就算是主要项目有相应的质量验收规范了；施工操作标准，主要工序有 1/4 及其以上，不足 1/2 的即可，这也方便计算。

至于没有施工操作标准的工序，不是说就可以胡乱施工了，也必须在施工前进行详细的技术交底等才能施工。这些技术交底材料是施工的重点内容，施工前准备，如材料要求、工艺流程、操作要点、质量要求、安全注意事项等都应有，只是没达到企业标准的水平,没有经过审查批准程序,没有形成企业标准而已,否则不能评价优良。

第三节 施工组织设计、施工方案

一、施工组织设计、施工方案的作用

施工组织设计、施工方案是经过多年建设实践总结出来的保证工程质量、使工程有序施工的基础性技术文件。施工组织设计在专业课堂上讲,是一项工程建设的总体战略布署。既是战略布署,就是决定战役成败的关键。所以,施工组织设计、施工方案是有计划搞好工程的关键。在工程建设中,首先应编制施工组织设计、施工方案。

施工组织设计的编制方法有多种,一般只编制施工组织设计,其内容要针对工程的特点,将工程的进度、工程质量、经济效益,有机地有系统地在工期内有序完成,所采取的技术上、组织上的有效措施,将物流、人流、技术及设备有序地组织好;对于大的工程可先编制总施工组织设计,再按子单位工程或流水段等编制分施工组织设计;对技术较复杂或特殊的系统和部位,还可补充编制详细的施工方案;对规模较小或技术简单的工程只编制施工方案就行了;对工期长、规模大的工程还可分期分批编制施工组织设计及施工方案等。

二、施工组织设计的检查项目

施工组织设计、施工方案的内容是根据工程项目的特点来编制的,通常包括:

1. 编制依据;
2. 工程概况;
3. 施工部署,施工的主要方法、流水段划分、主要机械,工期控制、人力、物力的投入,质量目标及主要的组织措施等,针对工程特点采取的新技术、新工艺、新材料;
4. 施工重点、难点的技术方案,技术保证措施;
5. 施工总进度计划;

6. 劳动力及物资需要量计划；
7. 施工总平面图，人流、物流、安全、文明的措施等。

施工方案内容基本同施工组织设计，可以全面讲述全部内容，也可以重点说明某个部分，用在小型工程或简单工程上，或作为大型工程施工组织设计的补充等。

在检查时，重点检查：

第一是编制的内容：主要方法、措施是否有针对性，是否结合工程的特点；

第二是重点要突出：重点部位、重点技术要有依据，要能说明效果；

第三是措施的可操作性，编制施工组织设计、施工方案目的是指导施工，要审查其指导施工的程序，有效性的程度等；

第四是编制的程序，要有编制人、审核人、批准人，一定要在该工程施工前编制完成；

第五是贯彻落实情况。

三、评价等级

施工组织设计、施工方案的评价分三个档次。

一档是施工组织设计、施工方案编制审批手续齐全，可操作性好，针对性强，并认真落实的为一档。首先了解施工组织设计、施工方案的文件资料情况，核定是属于哪种类型的，然后逐个进行审查。编制审批手续包括编制人员的资格，通常由该项目的项目经理或技术负责人主持编制，有关专业人员参加，在研究工程项目特点、施工环境及自身资源条件的基础上进行编制，由该项目上一级管理部门的技术负责人审核，主要是技术方案的先进性、针对性、可操作性及经济性等。由企业的总工程师批准，主要审核方案的规范性、技术的可靠性等。编制、审核、批准齐全的为一档。主要审查重点部位、重点工序的技术是否结合了工程的特点，可操作性如何。保证工程质量、工期措施的有效性等来判断能不能达到好的水平。能否认真落实是比较难判定的，由于是在开工前或刚开工时检查，很多措施还未实施。所以，只能由两方面来判定：一是已经实施的部分是否落实了，如项目班子责任分工、有关责任制度的建立、施工现场布置、材料进场的检查验收等方面，落实的如何；二是看该单位以往的业绩和管理情况，并结合与建设单位制订的施工合同中的有关要求，来综合判定落实情况。

二档是施工组织设计、施工方案编制审批手段要求同一档，可操作性、针对性较好，其中主要措施或多数措施可较好实施的。

三档是施工组织设计、施工方案编制审批手续基本齐全，可操作性、针对性较好，同二档的要求，实施一般的为三档。有一定的措施能指导施工，有一些措施有针对性和可操作性，有些措施能实施的。

第四节 质量目标及措施

一、制订质量目标及措施的依据

1. 质量目标制订

施工质量优良评价是在《建筑工程施工质量验收统一标准》及其配套的施工质量验收系列规范验收合格的基础上，由建设单位、施工单位共同提出施工质量优良评价的，或是由施工单位提出建设前段时间认可的，并且有一定的文件形式将其创优良工作的分工、责任落实下来的，所以，施工单位在工程施工前根据创优文件的要求，来制订创优目标，其优良工程质量达到的程度要具体化，一般应明确总体目标，以及各部位、系统的质量目标，哪些部位、系统要达到什么质量水平等。

同时，制订质量目标还要和自身的技术水平相适应，不能脱离实际。

2. 质量措施制订

质量目标制订后，制订质量措施、技术措施是必不可少的，否则质量目标的制订就是一句空话。所以，质量目标和质量措施是一个问题的两个方面，重点是质量措施。

质量措施是保证质量目标实现的保证，措施要具体、可操作性强。措施是一个系统工程，要将影响工程质量的每个程序、每个环节加以控制。从原材料的控制、工艺程序控制、工具的要求、工程的收尾及成品保护，一直到工程验收移交。有的情况，对一些重点环节及重点部位提出重点措施；有的对自身较弱的项目有针对性地提出重点措施等，这些都是通常的做法。

质量目标和措施必须在工程施工前编制，并随着工程的进行不断完整和改进，使措施完整和提高，也符合在创优过程中，提高本身技术水平的要求。

二、检查内容

检查重点是质量目标和措施两个方面。质量目标首先要与建设单位提出的创优要求相一致，同时要与企业本身的质量发展目标相一致，目标明确切合实际，根据企业的技术水平在正常情况下是能完成目标任务的。质量措施就是将质量目标分解到工程的各部位、各系统中去。如果有部位、系统的质量目标时，要根据其质量目标来制订质量措施、技术措施。

检查质量目标主要是检查目标是否切合实际可行，是否有分解落实的计划。

技术措施主要是检查其针对性和可行性，措施是经过实践有效的措施，这在检查评价时较难，主要靠评价人员的经验来判定。

三、评价等级

质量目标和措施的评价也是三个档次。

一档是质量目标和措施明确，切实可行，措施有效性好，能落实执行的，质量目标分解到各岗位，各岗位有落实制度，并落实执行的，为实施好的判为一档。

二档是质量目标及措施与一档同。主要质量目标分解到各岗位，并有落实措施的，实施较好的判为二档。

三档是质量目标及措施与一档、二档相同，落实一般的为三档。

第五节　施工现场质量保证条件评分计算

在各检查项目逐项进行检查评价后，将评价结果判定的档次，按一、二、三档，100％、85％及70％的判定结果，填入表3-3中的相应栏内。汇总计算应得分合计分值和实得分合计分值，按公式求得其实际得分率，乘以10再换算成权重值分值，即为施工现场质量保证条件评分。见表3-3。

施工现场质量保证条件评分表　　　　　　　表3-3

工程名称		施工阶段		检查日期			年 月 日	
施工单位			评价单位					
序号	检查项目		应得分	判定结果			实得分	备注
				100%	85%	70%		
1	施工现场质量管理及质量责任制度	现场组织机构、质保体系，材料、设备进场验收制度、抽样检验制度，岗位责任制及奖罚制度	30					
2	施工操作标准及质量验收规范配置		30					
3	施工组织设计、施工方案		20					
4	质量目标及措施		20					
检查结果	权重值10分。 应得分合计： 实得分合计： 　　　　　　施工现场质量保证条件评分 $=\dfrac{\text{实得分}}{\text{应得分}}\times 10=$ 　　　　　　评价人员： 　　　　　　　　　　　　　　　　　　　　　　年 月 日							

第四章 地基及桩基工程质量评价

第一节 地基及桩基工程性能检测

地基、桩基性能检测是该工程的基本技术要求，代表了其质量的基本性能，这项性能达不到设计和规范要求，就不能判定地基、桩基及整个工程为合格。所以，这些检测项目是工程施工控制必须达到的，检测结果用数据来说明工程质量的主要要求。

为了工程质量评价的方便，在评价划分上与质量验收标准不一致，将地基及桩基单独列出来评价，不包括基础部分，因基础多数是混凝土结构和砌体结构，故将其放入结构工程部分。

地基、桩基的性能指标也比较多，在这里只筛选出两类性能指标，一是控制效果指标，如地基的压实系数、干密度、地基强度、复合地基桩体强度、桩身完整性等；二是达到的结果，如地基、复合地基和单桩承载力等。

一、地基性能检测

包括天然地基及人工地基两种。其检测项目是：地基强度、压实系数、复合地基桩体强度、地基承载力。

1. 压实系数：主要用于灰土地基、砂及砂石地基、粉煤灰地基及土方回填地基的压实系数，土和灰土挤密桩地基桩体及桩间土干密度，夯实水泥土桩复合地基桩体干密度等。在地基处理后进行，按设计和规范规定在现场取样进行压实系数、干密度检测，检测结果应符合设计要求。评价检查主要是检查土样击实试验记录（环刀法）表。通常都是在对原位土进行检测后，求得其最优含水量、最大干密度，由设计提出压实系数，求得基土的干密度，现场就检查干密度的数值。试样抽取按回填土分层回填，每层铺设厚度

土样密度试验记录

表 4-1

工程编号 _____　　　　　　　　　　　　　试验者 _____
试样编号 _____　　　　　　　　　　　　　计算者 _____
试验日期 _____　　　　　　　　　　　　　校核者 _____

预估最优含水率 _____ %　　风干含水率 _____ %　　试验类别 _____

试验序号	筒加试样质量(g)	筒质量(g)	试样质量(g)	筒体积(cm³)	湿密度(g/cm³)	干密度(g/cm³)	盒号	湿土质量(g)	干土质量(g)	含水率(%)	平均含水率(%)
	(1)	(2)	(3)=(1)−(2)	(4)	(5)=(3)/(4)	$(6)=\dfrac{(5)}{(1)+0.01(10)}$		(7)	(8)	$(9)=\left(\dfrac{(7)}{(8)}-1\right)\times 100$	(10)

检测单位(盖章)　　　　　　　　　　　　　　　　　　　　　年　月　日

为200～300mm，回填土试验应现场试验，每层必须检验合格后，才能铺上一层，其检查点如下：

对于用环刀法，大的基坑每50～100m² 不少于一个检验点；对基槽每10～20延长米不少于1点；每个独立桩基下不少于1点。如采用贯入仪、动力触探，每层检验点的间距应不大于4m。主要检查取样数量、试验结果的数据值，在正常情况下都是边施工边做原位取样试验，达不到规定数值的再进行夯压，直到压实系数、干密度的数值都能达到设计要求为止。所以，试验结果基本上都是达到一档要求，有些不能一次检测达到合格，经过处理后达到合格的为三档。土样密度试验记录表见表4-1。

压实土的质量要求，由设计单位提出压实系数、干密度的要求数值，对各种垫层的压实标准，提出了参考值，通常各种垫层的压实标准见表4-2。通常压实土的质量控制范围见表4-3。

各种垫层的压实标准　　　表4-2

施工方法	换填材料类别	压实系数 λ_c
碾压、振密或夯实	碎石、卵石	0.94～0.97
	砂夹石（其中碎石、卵石占全重的30%～50%）	
	土夹石（其中碎石、卵石占全重的30%～50%）	
	中砂、粗砂、砾砂、角砾、圆砾、石屑	
	粉质黏土	
	灰土	0.95
	粉煤灰	0.90～0.95

压实填土的质量控制　　　表4-3

结构类型	填土部位	压实系数 λ_c	控制含水量（%）
砌体承重结构和框架结构	在地基主要受力层范围内	≥0.97	$\omega_{op}\pm 2$
	在地基主要受力层范围以下	≥0.95	
排架结构	在地基主要受力层范围内	≥0.96	
	在地基主要受力层范围以下	≥0.94	

注：压实系数 λ_c 为压实填土的控制干密度 ρ_d 与最大干密度 ρ_{dmax} 的比值，ω_{op} 为最优含水量。

2. 复合地基桩体强度。主要用于检验高压喷射注浆地基、水泥土搅拌桩地基、水泥粉煤灰碎石桩复合地基处理后形成的桩体强度；强夯地基、砂桩地基处理后地基土的强度，以及注浆地基处理后地基土的强度，都应按设计要求，在桩体、地基处理范围内的有效部位、深度内，按原状土试样制备，进行桩体、基土的强度检测，检测结果应符合设计要求。评价检查主要是检查抗压强度试验报告，重点检查取样部位、取样方法、取样数量及试验抗压强度值。强度值一次检测没有进行返工处理达到设计要求的判为一档，经返工补桩等处理达到设计要求的判为二档。桩体、地基土强度检查试件抗压强度检测报告，桩体、地基土强度试验报告见表 4-4。

无侧限抗压强度试验记录 表 4-4

工程编号_____ 试验者_____
试样编号_____ 计算者_____
试验日期_____ 校核者_____

试样初始高度 h_0 _____ cm 量力环率定系数 $c=$ _____ N/0.01mm
试样直径 D _____ cm 原状试样无侧限抗压强度 $q_u=$ _____ kPa
试样面积 A_0 _____ cm² 重塑试样无侧限抗压强度 $q'_u=$ _____ kPa
试样质量 m _____ g 灵敏度 $S_t=$ _____
试样密度 ρ _____ g/cm³

轴向变形(mm)	量力环读数(0.01mm)	轴向应变(%)	校正面积(cm²)	轴向应力(kPa)	试样破坏描述
(1)	(2)	$(3)=\dfrac{(1)}{h_0}\times 100$	$(4)=\dfrac{A_0}{1-(3)}$	$(5)=\dfrac{(2)\cdot C}{(4)}\times 10$	

检测单位(盖章) 年 月 日

3. 地基承载力。主要用于天然地基与复合地基等各种地基的承载力检验，应通过现场天然地基、复合地基原位载荷试验确定，是地基工程评价的否决项目，其检测结果必须达到设计要求，评为一档。通常使用浅层平板载荷试验来确定浅部地基土层的承压板下应力主要影响范围内的承载力。同一土层参加统计的试验点不应少于 3 点，当试验实测值的极差不超过其平均值的 30% 时，取此平均值作为该土层的地基承载力。承载力记录表见表 4-5。也可使用标准贯入、静力触探方法来确定其承载力。

地基承载力试验报告   表 4-5

工程名称：　　　　　　　　　　　　　　　　　　　　编号：

试验单位					报告编号		
委托单位					报告日期		
施工单位					委托日期		
地基处理工艺方法					试验方法		
地基承载力设计值(kPa)			载荷板尺寸(mm)		加荷方法		
点(桩)号	加荷级数	最大试验荷载(kN)	最大试验荷载下载荷板沉降(mm)	残余变形(mm)	地基承载力特征值(kPa)	检测日期	备注
检测依据							
检测结果							
备注							
检测单位地址					联系电话		

检测单位(盖章)：　　批准：　　审核：　　试验：　　　年　月　日

当地基承载力一次检测达到设计要求的承载力时，该地基评为一档，取100%的标准分值；按相应的有关规定经过处理后达到设计要求时，该地基评为三档，取70%的标准分值。

二、桩基性能检测

(一)单桩竖向抗压承载力检测

工程桩单桩竖向承载力检测是保证工程桩达到设计要求的重要手段，是桩基工程评价的否决项目，其检测结果必须达到设计要求，评为一档。应根据工程的重要性、地质条件、设计要求和工程施工情况进行单桩静载荷试验或可靠的动力试验。

1. 单桩静载荷试验

根据《建筑桩基技术规范》(JGJ 94—94)单桩承载力检测的规定，工程桩施工前未进行单桩静载荷试验的一级建筑桩基，工程桩施工前未进行单桩静载试验,且有下列情况之一者:地质条件复杂、桩的施工质量可靠性低、确定单桩竖向承载力的可靠性低、桩数多的二级建筑桩基,应按规定采用现场静载荷试验确定单桩竖向承载力。

在同一条件下的试桩数量不宜小于总桩数的1‰,且不宜少于3根,工程桩总数在50根以内时,不应少于2根。

单桩竖向静载试验应采用慢速维持荷载法进行加压,达到规定后终止加载,分析判定单桩竖向抗压极限承载力。同时,单位工程同一条件下的单桩竖向抗压承载力应按单桩竖向极限承载力统计值的一半取值。

每个桩的静载荷试验用单桩竖向静载试验报告,见表4-6。

单桩竖向抗压静载试验报告　　　　　表4-6

工程名称:											编号:		
检测单位								工程地点					
建设单位								设计单位					
试桩编号								检测日期					
见证人								见证号					
荷重传感器号								压力表号					
千斤顶号								百分表号					
加荷次号	油压(MPa)	荷载(kN)	测读时间	间隔时间(min)	位移计(百分表)读数(mm)						沉降量(mm)		
					1		2		3		4		
					读数	读数差	读数	读数差	读数	读数差	读数	读数差	平均	本级	累计
检测依据															
检测结果															
备　注															
检测单位地址								联系电话							

检测单位(盖章)　　批准:　　审核:　　检测:　　年　月　日

将每个单桩竖向静载试验报告,包括施工前的同条件试桩汇总,由检测单位向委托单位出具检测报告,出具的单桩竖向静载检测报告见表 4-7。同时,可将表 4-6 附在后边。达到上述规定,试桩的成桩工艺和质量控制标准与工程一致时,可采用可靠的动测法对工程桩单桩竖向承载力进行检测。

单桩竖向抗压静载检测报告　　　　　　　　　　　表 4-7

工程名称:								编号:	
检测单位					工程地点				
合同编号					检测编号				
委托单位					建设单位				
设计单位					勘测单位				
施工单位					建筑层数				
监理单位					结构型式				
桩　　型					设计桩端持力层				
总桩数		检测桩数及比例(%)			设计单桩竖向抗压承载力特征值(kN)				
桩号	桩长(m)	桩径(mm)	扩大头直径(mm)	最大试验荷载(kN)	最大荷载下桩顶沉降(mm)	残余变形(mm)	单桩竖向抗压极限承载力(kN)	实测单桩竖向抗压承载力特征值(kN)	施工日期	检测日期
检测依据										
检测结果										
备　注										
检测单位地址					联系电话					

检测单位(盖章)　　　批准:　　　审核:　　　检测:　　　年　月　日

2. 单桩竖向抗压承载力动测法检测

动测法是应用高应变仪检测基桩的竖向抗压承载力和桩身完整性，通过监测预制桩打入时的桩身应力和锤击能量传递，来判定桩的承载力。对灌注桩的竖向抗压承载力检测时，要具有现场实测经验和本地区相近条件下的可靠对比验证资料，对大直径扩底桩和一些大直径的灌注桩，不宜采用本办法检测。

检测仪器主要技术性能指标不应低于行业标准《桩基动测仪》JC/T 3055 表 1 中规定的 2 级标准，应具有保存、显示实测力与速度、信号处理与分析的功能，由有试验资格并有丰富经验的操作人员检测。

经过对检测数据的分析与判定，采用凯司法、实测曲线拟合法判定单桩承载力，对参加统计的试桩结果，当其极差不超过平均值的 30% 时，取其平均值为单桩承载力统计值，其承载力应满足设计要求。

对于检测数量，当满足采用高应变法对单桩竖向抗压承载力验收检测的条件时，检测桩数量不宜少于总桩数的 5%，且不得少于 5 根。

对于端承型大直径灌注桩，当受设备或现场条件限制，无法检测单桩竖向抗压承载力时，可采用钻芯法测定桩底沉渣厚度，并钻取桩端持力层岩土芯样，检验桩端持力层的承载力。抽检数量不少于总桩数的 10%，且不少于 10 根。

检测单位应提供正式的"基桩高应变法检测报告"，其表格见表 4-8，同时应在检测报告后附上"基桩高应变法检测现场记录表"，详见表 4-9。若是采用桩端持力层钻芯的检测方法，应有"钻芯检测记录、钻芯法检测现场操作记录表"，见表 4-10。必要时在表 4-10 后，还应附上"钻芯法检测芯样综合柱状图"，见表 4-11。

（二）桩身完整性检测

桩身完整性是保证工程桩承载力和寿命的基本条件，是灌注桩质量控制效果的重要方面。

1. 检测方法

基桩高应变法检测报告

表 4-8

工程名称： 　　　　　　　　　　　　　　　　　　　编号：

检测单位		工程地点	
合同编号		检测编号	
委托单位		建设单位	
设计单位		勘测单位	
施工单位		结构型式	
监理单位		设计桩端持力层	
桩　型		设计单桩竖向抗压承载力特征值(kN)	
总桩数		检测桩数及比例(%)	

桩号	桩长(m)	桩径(mm)	扩大头直径(mm)	实测单桩竖向抗压极限承载力(kN)	锤重(kN)	贯入度(mm)	实测单桩竖向抗压承载力特征值(kN)	施工日期	检测日期

检测依据	
检测结果	
备　注	

检测单位地址		联系电话	

检测单位(盖章)　　　批准：　　　审核：　　　检测：　　　年　月　日

基桩高应变法检测现场记录

表 4-9

工程名称：　　　　　　　　　　　　　　　　　　　编号：

检测单位				工程地点			
合同编号		检测编号		锤重(kN)		检测日期	

现 场 设 定 值

表面积 A (cm^2)	桩身材料质量密度 $\sigma(kN/m^3)$	波速 $c(m/s)$	阻尼系数 J_c	传感器标定系数			
				F_1	F_2	A_1	A_2

桩号	桩长 (m)	测点下桩长(m)	入土深度(m)	接桩长度(m)	桩径(截面)(cm^2)	现场实测值	检测情况	备注
						灌距(m)		
						贯入度(mm)		
						灌距(m)		
						贯入度(mm)		
						灌距(m)		
						贯入度(mm)		
						灌距(m)		
						贯入度(mm)		
						灌距(m)		
						贯入度(mm)		
						灌距(m)		
						贯入度(mm)		
						灌距(m)		
						贯入度(mm)		

检测依据	
检测结果	
备　　注	
检测单位地址	联系电话

检测单位(盖章)　　批准：　　审核：　　检测：　　年　月　日

钻芯法检测现场操作记录

表 4-10

工程名称： 编号：

检测单位					工程地点			
委托单位					建设单位			
设计单位					勘测单位			
施工单位					监理单位			
总桩数		检测桩数及比例(%)			检测日期		桩型	
桩号		孔号			桩长(m)		桩径(mm)	

时间		钻芯(m)			芯样编号	芯样长度(m)		残留芯样	芯样初步描述及异常情况记录	备注
自	至	自	至	计		总长	>10cm长度			

检测依据	
检测结果	
备注	

检测单位地址		联系电话	

检测单位(盖章) 批准： 审核： 检测： 年 月 日

钻芯法检测芯样综合柱状图   表 4-11

工程名称：　　　　　　　　　　　　　　　　　　编号：

检测单位				工程地点			
桩　号		孔　号		开孔时间		终孔时间	
施工桩长(m)		设计桩径(mm)		桩顶标高(m)		成孔桩底标高(m)	
孔深(m)	层厚(m)	标高(m)	柱状图	桩身混凝土、持力层描述	芯样质量指标(%)	芯样强度(MPa) / 深度(m)	备注
				1. 桩身混凝土 钻进深度，芯样连续性、完整性、胶结情况、表面光滑情况、断口吻合程度、骨料大小分布情况，以及气孔、空洞、夹泥、松散的情况			
				2. 沉渣 桩端混凝土与持力层接触情况、沉渣厚度			
				3. 持力层 持力层钻进深度，岩土名称、芯样颜色、结构构造、裂隙发育程度分层岩层应分层描述；分层岩层应分层描述 强风化或土层时的动力触探或标贯结果			
检测依据							
检测结果							
备　注							
检测单位地址				联系电话			

　　检测单位(盖章)　　批准：　　审核：　　检测：　　年　月　日

桩身完整性检测方法较多，如施工过程混凝土的充盈系数控制，施工工艺的正常掌握等。完工后可用低应变法、声波透射法、高应变法等动测法测定桩身完整性，判定桩身缺陷的程度及位置。预制桩接桩缝隙，也可用钻芯法通过取芯样来判定桩身完整性，以及桩长、桩身混凝土强度、桩底沉渣厚度和桩端持力层岩土性状等。常用的方法是低应变法及声波透射法，也可用高应变法，判定困难时，辅助以钻芯法。在一些情况下还可采用挖开检查。

低应变法是用瞬态激振设备进行检测，声波透射法是用声波检测仪进行检测，高应变法是用高应变仪采用实测曲线拟合法进行判定。

检测所使用仪器的技术性能指标不应低于行业标准《桩基动测仪》JG/T 3055规定的2级标准，且应具有保存、显示实测力与速度信号和信号处理与分析的功能。

动测法是经过现场检测，检测数据的分析与判定，应结合地质条件，设计桩型、成桩工艺、施工状况等情况，综合判定。

2. 低应变法检测

（1）检测取样。桩身完整性检测，抽取检测数量：柱下三桩或三桩以下的承台抽测不少于1根；设计等级甲级或地质条件复杂、成桩质量可靠性较低的灌注桩，抽查数量不少于总桩数的30%，且不得少于20根；其他桩基工程不少于20%，且不少于10根。对端承型大直径灌注桩，在上述抽检数内，选用钻芯法或声波透射法对部分受检桩进行桩身完整性检测，检测数量不少于总桩数的10%。对地下水位以上，且终孔后桩端持力层已经过检验的人工挖孔桩，以及单节混凝土预制桩，检测数量可适当减少，但不应少于总桩数的10%，且不少于10根。

对于施工质量有疑问的桩、设计方认为重要的桩、局部地质条件出现异常的桩、施工工艺不同的桩，或为了全面了解整个工程桩基的桩身完整性情况时，应适当增加抽检桩数。

（2）检测报告。桩身完整性检测完应由有检测资质的检测单位出具检测报告。"基桩低应变法检测报告"见表4-14。

(3) 判定标准。判定桩身完整性类别时应根据桩身完整分类表判定，其内容见表4-12。

桩身完整性分类表 表4-12

桩身完整性类别	分类原则
Ⅰ类桩	桩身完整
Ⅱ类桩	桩身有轻微缺陷，不会影响桩身结构承载力的正常发挥
Ⅲ类桩	桩身有明显缺陷，对桩身结构承载力有影响
Ⅳ类桩	桩身存在严重缺陷

用低应变法判定桩身完整性类别的确定，应根据其测得的曲线信号、时域信号特征和幅频信号特征来结合实际施工情况综合判定桩身的缺陷及其位置，其判定可参考表4-13。

桩身完整性判定 表4-13

类别	时域信号特征	幅频信号特征
Ⅰ	$2L/c$时刻前无缺陷反射波，有桩底反射波	桩底谐振峰排列基本等间距，其相邻频差$\Delta f \approx c/2L$
Ⅱ	$2L/c$时刻前出现轻微缺陷反射波，有桩底反射波	桩底谐振峰排列基本等间距，其相邻频差$\Delta f \approx c/2L$，轻微缺陷产生的谐振峰与桩底谐振峰之间的频差$\Delta f' > c/2L$
Ⅲ	有明显缺陷反射波，其他特征介于Ⅱ类和Ⅳ类之间	
Ⅳ	$2L/c$时刻前出现严重缺陷反射波或周期性反射波，无桩底反射波；或因桩身浅部严重缺陷使波形呈现低频大振幅衰减振动，无桩底反射波	缺陷谐振峰排列基本等间距，相邻频差$\Delta f' > c/2L$，无桩底谐振峰；或因桩身浅部严重缺陷只出现单一谐振峰，无桩底谐振峰

3. 钻芯法检测

对于用其他方法判定桩身完整性有困难时，或是需要了解混凝土灌注桩的桩长、桩身混凝土强度、桩底沉渣厚度，以及桩端持力层岩土性状时，可采用钻芯法检测。

基桩低应变法检测报告　　　　表 4-14

工程名称：　　　　　　　　　　　　　　　　编号：

检测单位					工程地点			
合同编号					检测编号			
委托单位					建设单位			
设计单位					勘测单位			
施工单位					监理单位			
桩　　型					桩身混凝土设计强度			
总 桩 数					设计桩端持力层			
检测桩数及比例(%)					检测日期			
见 证 人					见 证 号			
桩号	施工记录			施工日期	桩身波速(m/s)	检测结果		
	桩长(m)	桩径(mm)	扩大直径(mm)			桩身完整性描述	缺陷位置	类别
检测依据								
检测结果								
备　注								
检测单位地址					联系电话			

检测单位(盖章)　　批准：　　审核：　　检测：　　年　月　日

钻芯法有直观的效果，虽比不上开挖检验直观，也足以了解其桩身完整性等情况，所以钻芯法是一个比较有效的直接检验方法，采用钻芯法检测有关桩基质量时，应根据《建筑基桩检测技术规范》(JGJ 106—2003)第 7.6.1 条～7.6.5 条的规定来判定。

(1) 桩身混凝土强度判定。芯样试件抗压强度代表值，按一组三块试件强度的平均值确定。同一受检桩同一深度部位有两组以上芯样试件抗压强度代表值时，取其平均值作为该桩深度处混凝土芯样试件抗压强度代表值。受检桩中不同深度位置的芯样试件强度代表值中的最小值为该桩芯样试件强度代表值。

（2）桩端持力层性状（桩长、沉渣厚度）判定，根据芯样特征、岩石芯样单轴抗压强度试验、动力触探和标准贯入试验结果，综合判定。

（3）桩身完整性类别判定，结合钻芯孔数、现场混凝土芯样特征、芯样单轴抗压强度试验结果，按表 4-15 综合判定。

桩身完整性判定 表 4-15

类 别	特 征
Ⅰ	混凝土芯样连续、完整、表面光滑、胶结好、骨料分布均匀、呈长柱状、断口吻合，芯样侧面仅见少量气孔
Ⅱ	混凝土芯样连续、完整、胶结较好、骨料分布基本均匀、呈柱状、断口基本吻合，芯样侧面局部见蜂窝麻面、沟槽
Ⅲ	大部分混凝土芯样胶结较好，无松散、夹泥或分层现象，但有下列情况之一： 芯样局部破碎且破碎长度不大于 10cm； 芯样骨料分布不均匀； 芯样多呈短柱状或块状； 芯样侧面蜂窝麻面、沟槽连续
Ⅳ	钻进很困难； 芯样任一段松散、夹泥或分层； 芯样局部破碎且破碎长度大于 10cm

4. 桩身完整性评价

桩身完整性一次检测 95% 及其以上达到Ⅰ类桩，其余达到Ⅱ类桩时为一档，取 100% 的标准分值；一次检测 90% 及其以上，不足 95% 达到Ⅰ类桩，其余达到Ⅱ类桩时为二档，取 85% 的标准分值；一次检测 70% 以上不足 90% 达到Ⅰ类桩，且Ⅰ、Ⅱ类桩合计达到 98% 及以上，其余桩验收合格的为三档，取 70% 的标准分值。评价检查时，检查有关检测报告。

三、地基及桩基工程性能检测评价

1. 检测资料汇总

地基及桩基工程性能检测评价所依据的资料,包括检测报告,检测记录等,应列出明细表,以便核验复查。地基及桩基工程性能检测判定依据资料汇总表见表 4-16。

地基及桩基工程性能检测资料汇总表　　　　表 4-16

序号	资料名称		供判定内容	判定结果
1. 天然地基	（1）压实系数记录表及地基强度测定记录	①		
		②		
		③		
	（2）地基承载力检测报告	①		
		②		
		③		
2. 复合地基	（1）地基强度测定记录及桩体强度	①		
		②		
		③		
	（2）复合地基承载力检测报告	①		
		②		
		③		
3. 桩基	（1）桩身完整性检测报告	①		
		②		
		③		
	（2）单桩竖向抗压检测报告	①		
		②		
		③		
		汇总人：		年 月 日

2. 地基及桩基工程性能检测评价

将表 4-16 中的各项资料质量,按《建筑工程施工质量评价标准》的 3.5.1 条的规定逐项进行判定,将判定结果填入地基及桩基工程性能检测评分表,见表 4-17,计算各项评价得分,按表 4-17 求得检测评分。

地基及桩基工程性能检测评分表　　　　　表4-17

工程名称		施工阶段		检查日期		年 月 日	
施工单位			评价单位				

序号	检查项目		应得分	判定结果			实得分	备注
				100%	85%	70%		
1	地基	地基强度、压实系数、注浆体强度	50					
		地基承载力	50					
2	复合地基	桩体强度、桩体干密度	(50)					
		复合地基承载力	(50)					
3	桩基	单桩竖向抗压承载力	(50)					
		桩身完整性	(50)					

检查结果	权重值35分。 应得分合计： 实得分合计： 地基及桩基工程性能检测评分＝$\dfrac{实得分}{应得分}\times 35=$ 评价人员： 　　　　　　　　　　　　　年 月 日

第二节　地基及桩基工程质量记录

一、工程质量记录的作用

工程质量记录是工程施工中，为保证工程质量而采取的有效措施，用来说明施工使用的材料、构配件、设备等物资质量是符合设计要求和规范规定的；施工程序、操作工艺是有序的、科学的；施工工序的完成质量符合验收规范的规定，有些还用数据来说明工程质量达到的水平。

工程质量不能全面最终检测，只能是将各工序加以控制，将控制的过程、措施以及结果记录下来，这就是质量记录。质量记录是工程建设中，承建单位向业主、监理，以及社会各界旁证自己工程质量的资料。质量记录对工程建设是十分重要的。质量记录就是工程质量的一部分，所以，将质量记录列为工程质量评价的一个方面。完整性、真实性、及时性等都是质量记录应达到的要求。因此，质量记录应同施工工序同步进行、同步完成，来证明工程建设的规范性、科学性和有关质量情况。

二、工程质量记录的内容及整理

本评价标准的质量记录未包括质量控制资料，只是将施工单位施工过程的有关工程质量的相关资料，作为质量记录，本标准将其分为三种类型进行整理检查。

1. 工程所用的建筑材料、构配件、设备等物资的出厂合格证（质量证明书，进口材料、设备的验关证明）、进场验收记录，以及有关材料、设备需要抽样检验的复试报告。这些是说明工程是用合格的材料、构配件、设备建造的。为了规范起见，材料、设备订货及采购必须按设计要求对其提出质量要求，在交货时附上出厂合格证（质量证明书），材料生产厂家对材料、设备及出厂合格证的真实性、科学性负责；进场验收要由有关材料人员、质量人员检查材料、设备的外观质量及完好情况、包装及数量等。同时，检查合格证的数据、质量指标是否与订货合同一致，是否符合设计要求，认为符合要求后验收签字负责；对有关影响工程安全、使用功能、环境质量的材料，还要按规定进行抽样复试，抽样复试是由有资格的试验单位进行，同时对用于砌筑承重墙的砖和混凝土小型砌块等砌块、水泥、掺加剂、防水材料以及保温材料等，按规定要进行见证取样送检制度，抽样复试要出具复试检验报告，检测单位对出具报告的数据和结论负责。

地基的主要材料是人工地基、水泥、土工合成材料、注浆液等，复试报告资料，常用的有石灰、水泥、外加剂、砂、石、土工合成材料、粉煤灰、注浆液材料合格证及有关配合比试验报告等材料质量资料；桩基主要是桩的质量及接桩材料的质量等。在各种情况下，材料的质量均应达到设计要求，使用前应有监理工程师检查验收签字认可。

将不同材料、构配件、设备按一定顺序进行整理，列出表格。首先检查资料的数量是否达到完整。主要项目、主要资料有了就应判为完整。其次是检查每个资料中的数据，主要数据有了并符合设计要求,就可判定其质量等级了。

2. 施工记录。施工记录主要有二种类型,一是施工日志,将施工的主要程序及事项记录,是一般性的,只是作为工程施工管理的日常工作记录,不作为检查的内容。二是一些施工工序专门的记录,是详细记录施工过程的,有关材料使用及工序、操作过程、有关事项、工作内容等的记录,来说明施工过程的规范性,工程形成的条件,施工部位工程质量的控制情况等。有的设计文件和施工规范,以及工程质量验收规范,还提供了专门的施工记录表格等。有专门验收表格和质量验收记录的检验批、分项、分部(子分部)工程的质量验收记录等。

这里需检查验收的主要是第二种,对第二种内容也进行了筛选,选择了主要能说明工序质量情况的部分。其内容项目:

(1) 地基、复合地基处理、验槽、钎探施工记录;
(2) 预制桩接头施工记录;
(3) 打(压)桩试桩记录及施工记录;
(4) 灌注桩成孔、钢筋笼及混凝土灌注检查记录及施工记录;
(5) 检验批、分项、分部(子分部)工程质量验收记录。

这些施工记录应分别做专项检查,内容要各自达到有关规范的要求,其结果要符合有关规范的规定和设计要求等。

地基与桩基的专门记录主要有:地基验槽记录、地基钎探记录、回填土压实记录、各种人工地基处理记录、各种桩基施工记录、试桩记录、预制桩接头施工记录等,还有检验批、分项工程、分部(子分部)工程质量验收记录等。

对于这些施工记录,施工单位应有专人负责,技术主管人员要及时进行核对检查,符合设计和规范要求的应签字负责。一些项目的工程项目监理部的监理工程师(或监理员)还要进行旁站监理,监理工程师也要对施工记录进行审查验收,符合设计和规范要求的也要进行签字认可。

将不同的施工记录按一定顺序进行整理,列出表格。首先检查施工记录的数量是否满足设计要求,应该有的项目是否有记录了。检查每个项目中的主要质量记录资料是否达到了完整。其次检查每一项施工记录的内容,包括起止时间、操作要求、施工过程的情况及质量记录等,不符合真实、有效要求的记录不能计入施工记录的数量。然后就可以根据资料的数量、有关内容、数据、资料的真实、有效,填写、整理的情况,判定其质量等级了。

3. 施工试验。施工试验资料包括施工过程的有关材料的配合比试验、一些成果质量的试验、一些施工工序的试验、一些有龄期要求项目的龄期强度情况等。

地基及桩基工程施工试验的内容,经过筛选,规范规定了以下内容:

(1) 各种地基材料的配合比试验报告;

(2) 钢筋连接试验报告;

(3) 混凝土强度试验报告;

(4) 预制桩龄期及强度试验报告。

各种地基材料的配合比试验报告,一种是由设计单位提出的配合比,如灰土地基的灰土配合比、砂石地基的砂石配合比、注浆地基的浆液配合比、水泥粉煤灰碎石复合地基混合料的配合比等;一种是由试验单位提出的配合比试验单,如混凝土配合比等。设计单位提出的配合比,施工中要按重量比或体积比做出记录;混凝土配合比由试验单位提出,施工现场的计量要做好记录,要将计量器具的状况、计量的准确度、施工中的抽查情况详细说明。

钢筋连接试验报告。在灌注桩钢筋笼制作过程中,钢筋长度不足需要接长时,进行钢筋连接。连接的方式很多,但连接的质量是关键,不论什么连接方式,是机械连接还是焊接连接,都必须经过连接试验,达到设计要求或规范规定,才能用到工程上去。在工程施工中,还必须按批量抽取试件进行抽查试验。这些试验应由有资格的检测单位进行,并出具试验报告。检测单位要对出具的试验报告及其中的数据和结论负责。

混凝土强度试验报告,对混凝土灌注桩的混凝土灌注前,在施工现场按规范规定留置试件,按《混凝土结构施工质量验收规范》的规定进行混凝土试件强度评定。

预制桩在打压前应进行检查,达到28d龄期,应有出厂合格证。必要时，应检查混凝土强度试验报告。都达到规范规定才能认定预制桩合格。

三、地基及桩基工程质量记录评价

1. 质量记录资料汇总

地基及桩基工程质量记录所依据的资料，主要是依靠工程质量验收过程施工单位和监理单位形成的检验批、分项、分部(子分部)工程质量验收资料。包括上述材料合格证、进场验收记录及复试报告、施工记录和施工试验三部分内容，资料比较多，应分项列出资料明细表，以便核验复查。地基及桩基工程质量记录资料的汇总表见表4-18。

地基及桩基工程质量记录资料汇总表　　　表 4-18

序　号	资料项目名称	份数	供判定内容	资料质量判定结果
1. 材料、预制桩合格证	材料合格证、进场验收记录及复试报告			
	预制桩合格证及进场验收记录			
2. 施工记录	地基处理记录			
	验槽记录			
	钎探记录			
	预制桩接头施工记录			
	打(压)桩记录及施工记录			
	灌注槽成孔、钢筋笼及混凝土灌注检查记录及施工记录			
	检验批验收记录			
	分项工程验收记录			
	分部(子分部)工程验收记录			
3. 施工试验	配合比试验报告			
	钢筋连接试验报告			
	混凝土强度试验报告			
	预制桩龄期及强度试验报告			

汇总人：　　　　　　年　月　日

2. 地基及桩基工程质量记录评价

将表 4-18 中的各项资料质量按规定逐项进行判定,将判定结果填入地基及桩基工程质量记录评分表中,见表 4-19,计算各项评价得分,按表 4-19 求得质量记录评分。

地基及桩基工程质量记录评分表　　　　表 4-19

工程名称			施工阶段		检查日期		年 月 日	
施工单位			评价单位					
序号	检查项目		应得分	判定结果			实得分	备注
				100%	85%	70%		
1	材料、预制桩合格证(出厂试验报告)及进场验收记录	材料合格证(出厂试验报告)及进场验收记录及钢筋、水泥复试报告	30					
		预制桩合格证(出厂试验报告)及进场验收记录	(30)					
2	施工记录	地基、复合地基、地基处理、验槽、钎探施工记录	30					
		预制桩接头施工记录	(10)					
		打(压)桩试桩记录及施工记录	(20)					
		灌注桩成孔、钢筋笼、混凝土灌注检查记录及施工记录	(30)					
		检验批、分项、分部(子分部)工程质量验收记录	10					
3	施工试验	灰土、砂石、注浆桩及水泥、粉煤灰、碎石桩配合比等试验报告	30					
		钢筋连接试验报告	(15)					
		混凝土强度试验报告	(15)					
		预制桩龄期及强度试验报告	(30)					
检查结果	权重值 35 分。 应得分合计: 实得分合计: 　　　　地基及桩基工程质量记录评分 = $\dfrac{实得分}{应得分} \times 35 =$ 　　　　　　　　评价人员: 　　　　　　　　　　　　　　　　　　　　　　　　年 月 日							

在求得质量记录评分后,将表4-18附在表4-19后,作为附件。其各项原始质量记录,可不要附在后边,可将其编号记录下来就行了,其原始质量记录资料,仍放在原工程质量验收资料中,但要注明存放地点,以便查找。

第三节 地基及桩基工程尺寸偏差及限值实测

地基及桩基工程尺寸偏差及限值实测的要求,代表了该工程的施工精度,对工程的基本性能、使用功能、装饰水平等方面有重要影响,是考核施工操作技术的重要内容,是考核操作技能的重要措施,是提高工程质量,达到工程一次成活、一次成优,减少返工、修理,提高建设速度、经济效益的有效保证,是考核工程质量的一个重要方面。故工程质量评价将其作为一个方面单独列出进行检查评价。

一、实测项目的作用

实测项目主要评价允许偏差和限值两个方面。允许偏差是代表施工精度的尺寸等的允许偏差,加工偏差是实际存在的,准确没有绝对的,都是相对而言。从理想的角度讲,偏差是愈小愈好,没有偏差最好。但在实际操作中,达到规范规定的允许偏差,就符合质量要求,个别点的偏差值超差,控制在允许偏差值的1.5倍范围内。工程质量优良评价将达到规范规定值(其中也包括个别项目不大于允许偏差值的1.5倍在内)就评为三档,取70%的标准分值;全部达到规范规定允许偏差值,其中50%~80%测点值的平均值小于等于0.8倍的允许偏差值就评为二档,取85%的标准分值;全部达到规范规定允许偏差值,其中80%及以上的实测点实测值的平均值小于等于0.8倍允许偏差值就评为一档,取100%的标准分值。对允许偏差值不要求愈小愈好,只要求适当均衡的提高,故在达到规范规定值的前提下,80%的实测点值平均值达到0.8倍的允许偏差值就评为一档,就是这个道理。因为允许偏差再提高对工程质量的改进影响不大,但投入的技术及管理工作相对较多,是不经济的。这里贯彻了一个思想,不能无止境地追求减小允许偏差值。

限值也是施工精度,是代表配合项目的精度,如门窗扇对口缝留缝限值，普通门窗对口缝留缝 1.0~2.5mm；高级门窗对口缝留缝 1.5~2.0mm 等。在地基及桩基工程中，没有列出限值的实测项目。

二、实测评价项目

质量验收规范规定的允许偏差和限值项目较多，优良评价标准为了突出重点，从中筛选了一些主要项目，只用这些实测项目，来评价工程质量。

其评价项目主要有：

1. 天然地基的实测项目：基底标高，基槽长、宽尺寸允许偏差。

(1) 基底标高允许偏差值 －50mm；
(2) 基槽长度、宽度允许偏差值 ＋200mm，－50mm。

2. 复合地基的实测项目：地基处理桩中心的桩位允许偏差。

(1) 振冲桩桩位允许偏差值 ≤200mm；
(2) 高压喷射灌注桩桩位允许偏差值 ≤0.2D；
(3) 水泥土搅拌桩桩位允许偏差值 <50mm；
(4) 土和灰土挤密桩、水泥粉煤灰碎石桩、夯实水泥土桩桩位允许偏差值 ≤0.4D。

3. 打（压）入桩的实测项目：桩打（压）到位后桩位的允许偏差。打（压）入桩桩位允许偏差项目见表 4-20。

预制桩（钢桩）桩位允许偏差　　　　表 4-20

序号	项目	允许偏差(mm)
1	盖有基础梁的桩： (1) 垂直基础梁的中心线 (2) 沿基础梁的中心线	$100+0.01H$ $150+0.01H$
2	桩数为 1~3 根桩基中的桩	100
3	桩数为 4~16 根桩基中的桩	1/2 桩径或边长
4	桩大于 16 根桩基中的桩： (1) 最外边的桩 (2) 中间桩	1/3 桩径或边长 1/2 桩径或边长

注：H 为施工现场地面标高与桩顶设计标高的距离。

4. 灌注桩工程尺寸偏差及限值实测检查项目：

灌注桩桩位允许偏差项目见表 4-21。

灌注桩桩位允许偏差(mm)　　　　　　　表 4-21

序号	成孔方法		1~3 根、单排桩基垂直于中心线方向和群桩基础的边桩	条形桩基沿中心线方向和群桩基础的中间桩
1	泥浆护壁钻孔桩	$D \leqslant 1000mm$	$D/6$,且不大于 100	$D/4$,且不大于 150
		$D > 1000mm$	$100 + 0.01H$	$150 + 0.01H$
2	套管成孔灌注桩	$D \leqslant 500mm$	70	150
		$D > 500mm$	100	150
3	人工挖孔桩	混凝土护壁	50	150
		钢套管护壁	100	200

注：1. D 为桩径。
2. H 为施工现场地面标高与桩顶设计标高的距离。

三、地基及桩基实测项目评价

地基及桩基工程实测项目评价所依据的资料，主要是工程质量验收过程中施工单位和监理单位形成的质量验收资料，必要时，也可进行一些抽测。在这些资料中，采用随机抽取的方法，在相应的资料抽取 10 个检验批或分项工程的验收资料，不足 10 个的全部采用，再将实际抽查的实测项目的数据进行分析计算。

1. 资料汇总

首先，将抽取的检验批、分项工程质量验收表和实际抽查的实测表，进行汇总登记，实测项目依据抽取的检验批、分项工程验收表、抽测表进行汇总，汇总表见表 4-22。

实测项目依据资料汇总登记表　　　　表 4-22

序号	资料项目名称	份数	供判定内容	资料质量及判定结果
1	地基工程质量验收记录			
2	地基处理分项工程验收记录			
3	打(压)入桩分项工程质量验收记录			
4	灌注桩分项工程质量验收记录			
5	实际抽查实测记录			
	汇总人：			年　月　日

2. **地基及桩基工程实测数据评价**

实测数据摘录汇总分析见表 4-23。将表 4-23 中的数据按评价标准 3.5.3 条规定逐项进行判定，将判定结果填入地基及桩基实测记录表中，见表 4-24。

在求得实测评分后，将表 4-22、表 4-23 附在表 4-24 后，作为附件，其各项原始质量验收记录，可不附在后边，可将其编号后进行编号记录，原始资料就放在原工程质量验收资料中，但要注明存放地点，以便查找。

实测项目数据摘录汇总表　　　　　　　　　表 4-23

序　号	项目偏差及限值	尺寸偏差及限值测量数值					数据分析
1. 地基	基底标高 −50mm						
	基槽长、宽 +200mm, −50mm						
2. 复合地基	振冲桩桩位 ≤200mm						
	高压喷射桩桩位≤0.2D						
	水泥土桩桩位<50mm						
	土和灰土桩桩位≤0.4D						
3. 打（压）桩	有基础梁桩垂直中心线 100+0.01H						
	沿中心线 150+0.01H						
	1～3 根桩 100mm						
	4～16 根桩 1/2D 或边长						
	>16 根桩边桩 1/3D 或边长						
	中间桩 1/2D 或边长						

续表

序号	项目偏差及限值		尺寸偏差及限值测量数值					数据分析
4. 灌注桩	护壁钻孔	$D\leqslant1000$，1~3根，单排桩垂直中心线 $D/6$ 且 $\leqslant100mm$						
		沿中心线 $D/4$ 且 $\leqslant150mm$						
		$D>1000mm$ 垂直中心线 $100+0.01H$						
		沿中心线 $150+0.01H$						
	套管成孔	$D<500mm$，1~3根单排垂直中心线 70mm						
		沿中心线 150mm						
		$D>500mm$，1~3单排垂直中心线 100mm						
	人工成孔	混凝土护壁垂直中心线 50mm						
		垂直中心线 150mm						
		钢套管护壁垂直中心线 50mm						
		沿中心线 150mm						
5. 实际抽查项目	抽查项目							

汇总人： 年 月 日

地基及桩基工程尺寸偏差及限值实测评分表　　　　表 4-24

工程名称		施工阶段		检查日期		年　月　日	
施工单位			评价单位				
序号	检查项目	应得分	判定结果			实得分	备注
			100%	85%	70%		
1	天然地基标高及基槽长度、宽度偏差	100					
2	复合地基桩位偏差	(100)					
3	打(压)桩桩位偏差	(100)					
4	灌注桩桩位偏差	(100)					
检查结果	权重值15分。 应得分合计： 实得分合计： 　　地基及桩基工程尺寸偏差及限值实测评分＝$\frac{实得分}{应得分}\times 15=$ 　　　　评价人员： 　　　　　　　　　　　　　　　　　　　　　年　月　日						

第四节　地基及桩基工程观感质量

一、观感质量评价的作用

观感质量评价是工程的一项重要评价工作，是全面评价一个分部、子分部、单位工程的外观及使用功能质量，可促进施工过程的管理和成品保护，提高社会效益和环境效益。观感质量检查绝不是单纯的外观检查，而是实地对工程的一个全面检查，核实质量控制资料，核查分项、分部工程验收的正确性，对在分项工程中不能检查的项目进行检查等。如工程完工，绝大部分的安全可靠性能和使用功能已达到要求，但出现不应出现的裂缝和严重影响使用功能的情况，应该首先弄清原因，然后再评价。地面严重空鼓、起砂，墙面空鼓粗糙，门窗开关不灵、关闭不严等项目的质量缺陷很多，就说明在分项、分部工程验收时，掌握标准不严。分项、分部无法测定和不便测定的项目，在分部(子分部)、单位工程观感质量评价中，给予核查。如建筑物的全高垂直度、上下窗口位置偏移及一些线角顺直等项目，只有在分部(子分部)、单位工程质量检查时，才能了解的更确切。

系统地对分部（子分部）、单位工程的质量检查，可全面地衡量分部（子分部）工程、单位工程质量的实际情况，突出对工程系统及整体检验和为用户着想的观点。分项、分部工程的验收，对其本身来讲虽是产品检验，但对交付使用来讲，又是施工过程中的质量控制。

观感质量的验收方法和内容，与分部（子分部）、单位工程的观感质量评价一样，只是分部（子分部）工程的范围小一些而已，一些分部（子分部）工程的观感质量，可能在单位工程检查时已经看不到了。所以单位工程的观感质量更宏观一些。

这次编写优良工程质量评价标准时，将其作为评价的一个方面，就是要突出工程的宏观质量及使用功能，以及工程的效果等。对工程质量观感检查，为了能做到及时、有效，评价标准将其落实到各项目中，实际是落实到各分部（子分部）工程中了。其目的有两个：一是现在的工程体量越来越大，越来越复杂，待单位工程全部完工后再检查，有的项目要看的看不见了，看了还应修的修不了，只能是既成事实。另一方面，若竣工后一并检查，由于工程的专业多，而检查人员又不能太多，专业不全，不能将专业工程中的问题看出来。再就是有些项目完工以后，工地上就没有事了，各工种人员就撤出去了，即使检查出问题来，再让其来修理，用的时间也长。二是新的建筑企业资质就位后，分层次有了专业承包公司，对这些企业分包承包的工程，完工以后也应该有个评价，也便于对这些企业的监管。这样可克服上述的一些不足，同时，也便于分清质量责任，提高后道工序对前道工序的成品保护。

在进行检查时，要注意一定要在现场，将工程的各个部位全部看到，能操作的应操作，观察其方便性、灵活性或有效性等；能打开观看的应打开观看，不能只看"外观"，应全面了解分部（子分部）的实物质量。

其检查内容按各有关工程质量验收规范中对检验批的主控项目、一般项目有关内容综合掌握，给出好、一般、差的评价。

对建筑物的重要部位、项目及有代表性的房间、部位、设备、项目都应检查到。对其评价时，可逐点评价再综合评价；也可逐项给予评价；也可按大的分部、子分部或建筑与结构部分分别进行综合评价。评价时，要在现场由参加检查验收的监理工程师共同确定，确定时，可多听取被验收单位及参加验收的其他人员的意见，并由总监理工程师签认，总监理工程师的意见应有主导性。

二、地基及桩基工程观感质量评价

1. 评价项目

地基及桩基工程观感质量的评价项目，相对来讲项目较少，内容也比较简单，但也是观感质量评价的一个主要方面，对宏观质量及施工安全都有重要影响，其评价项目有：

（1）地基、复合地基：标高、表面平整、边坡等。

（2）桩基：桩头、桩顶标高、场地平整等。

地基、复合地基的观感质量评价主要是用观察的方法进行。对基槽底部的标高、表面平整情况，在测量的基础上宏观进行检查；对基槽、基坑周围边坡的放坡及安全情况进行全面检查，如果采用了边坡支护的还应检查支护的效果情况，以保证施工安全。地基还应检查土质特性是否与设计要求一致；复合地基还应检查复合桩桩头等地基处理的情况，包括处理的材料，如分层铺料的厚度、桩的直径、桩位、桩体质量等的宏观检查等。

桩基主要检查桩头打（压）后或处理后的情况，桩顶标高，以及场地的平整情况需进行宏观观察检查。

2. 地基及桩基观感质量评价

根据设计要求和规范的相关规定，按检查点的情况，分别评出好、一般、差的质量等级，再按 90% 及其以上检查点达到"好"，其余检查点达到"一般"为一档，取 100% 的标准分值；70% 及其以上，不足 90% 的检查点达到"好"，其余检查点达到"一般"的为二档，取 85% 的标准分值；检查为"好"的点达到 30% 及其以上，但不足 70%，其余检查点达到"一般"的为三档，取 70% 的标准分值。

检查现场和分部（子分部）质量验收记录，进行分析计算。可以将检查项目列出表格，按表格逐项检查，检查辅助表见表 4-25，在表中将检查点的结果进行统计计算，用表4-26计算检查结果。

地基及桩基工程观感质量检查辅助表　　　表4-25

序号	检查项目	检查点检查结果				检查资料依据		检查结果
		检查点数	好的点数	一般的点数	差的点数	分部（子分部）验收记录	现场检查记录	
1	基底标高、表面平整							
2	基槽边坡、支护安全							
3	天然地基基底土性情况							
4	复合地基处理（桩头及材料等）情况							
5	桩头、桩顶标高及桩位、场地平整等情况							

汇总人：　　　　　　　　　　　年　月　日

地基及桩基工程观感质量评分表　　　表4-26

工程名称		施工阶段		检查日期		年　月　日	
施工单位			评价单位				
序号	检　查　项　目		应得分	判定结果			实得分	备注
				100%	85%	70%		
1	地基、复合地基	标高、表面平整、边坡	100					
2	桩基	桩头、桩顶标高、场地平整	(100)					
检查结果	权重值5分。 应得分合计： 实得分合计： 　　　　地基及桩基工程观感质量评分＝$\dfrac{实得分}{应得分}\times 5=$ 　　　　评价人员：　　　　　　　　　　　年　月　日							

第五章 结构工程质量评价

第一节 结构工程性能检测

结构工程质量检测是对结构工程的基本技术要求，它代表结构工程的基本特性，这项质量指标若达不到设计要求和规范规定，就不能认定整个工程及其结构合格。所以，这些检测项目是结构工程必须达到的，并能用数据表示出来。

本评价标准所讲的结构工程包括的内容与通常所讲的结构工程包括的内容有所不同，它包括地基工程中基础以上、桩基中承台以上的结构部分，由于目前木结构工程应用较少，故评价标准没有列出相应的检查项目，在实际工程中出现时，可依据本标准精神，在评价前，由建设、设计、监理、施工各方共同制订一个评价方案来检查。本评价标准只列出混凝土结构工程、钢结构工程、砌体结构工程及地下防水层的评价项目。虽然结构工程的检测项目包括多项指标，但本评价标准只筛选了其中的主要项目。主要包括工程最终的质量指标，重要部位的质量指标等。下面就将评价项目的评价指标分别进行介绍。

一、混凝土结构工程性能检测

混凝土结构工程性能检测项目共有二项：结构实体混凝土强度和结构实体钢筋保护层厚度。

1. 结构实体混凝土强度

结构实体混凝土强度是代表结构实体质量的最基本性能，以往规范没有做出相应规定，评价混凝土强度主要是依靠标准养护混凝土试件的强度，这种试件强度主要用来验证混凝土配合比，对验证结构实体混凝土强度的代表性相对较差，主要差别是混凝土试件和结构实体混凝土养护条件不同、入模时间不同、振捣密实度等不同，而养护条件中的温度、湿度更是影响混凝土强度的重点因素。但由于种种原因，目前都是用这种方法来评价结构混凝土的强度。《混凝土结构工程施工质量验收规范》GB 50204—2002 中首次规定了结构实体检验用同条件养护试件强度，这是一个重大突破，更接近工程的实际情况。故优良评价标准将其作为一项性能检测项目列出。此项内容只作为一项验证性的条件，因为评定混凝土强度的合格与否还是采用标养试件强度的方法。结构实体混凝土强度的验证方法也有多种，优良评价标准规定同条件养护试件强度作为首要的验证条件，尽管与结构实体本身的养护条件还有相当的差别，但仍比标养试件接近结构实体强度许多。在标养试件强度评定的基础上，再用同条件养护试件强度评定进行验证，混凝土结构工程质量的管理水平将前进一大步。

检查方法：同条件养护试件采用等效龄期 600℃·d 的混凝土强度试件，再乘以换算系数 1.10。等效龄期不应少于 14d，也不宜大于 60d。600℃·d 也可根据各地的气候情况，求出本地区的等效龄期曲线经过审查后采用。

检查方法：优良评价标准规定，标养试件强度评定合格后，当同条件养护试件强度符合规范规定时，结构实体混凝土强度评为一档，取 100%的标准分值。当同条件养护试件强度达不到规范规定时，可采用非破损或局部破损检测的方法，符合有关标准的为三档，取 70%的标准分值。此项评定没有二档的标准。

其质量评定可参考表 5-1 进行。

混凝土结构实体混凝土强度评定　　　　表 5-1

序号	结构部位或构件名称	设计混凝土强度等级	标养试件强度评定	同条件养护试件强度评定 600℃·d 和 1.10 系数	采用非破损或局部破损检验结果
1	柱及框架				
2	梁、板				

续表

序号	结构部位或构件名称	设计混凝土强度等级	标养试件强度评定	同条件养护试件强度评定 600℃·d 和 1.10 系数	采用非破损或局部破损检验结果
评定结果	1. 同条件养护试件强度评定： （1）标养试件评定达到设计、规范规定； （2）同条件养护试件（600℃·d）×1.10 检验达到设计、规范规定。 2. 采用非破损或局部破损检验方法评定： （1）标养试件评定达到设计、规范规定； （2）非破损或局部破损检验达到设计、规范规定				

汇总人： 年 月 日

2. 结构实体钢筋保护层厚度

结构实体钢筋保护层厚度代表了结构中钢筋的真实位置，是混凝土结构工程的又一项基本性能，对结构的受力性能、耐久性能等结构安全都有重要影响，是结构工程评价的否决项目，其检测结果必须达到设计要求，评为二档。

对于钢筋的位置即保护层厚度，在钢筋安装工序中都进行了检查，并做了评定验收。但在钢筋验收后，在混凝土浇筑施工中，由于人走、设备材料堆放以及混凝土振捣等因素的影响，常常将已安装好并已通过验收的钢筋移动位置。所以，实际工程中的钢筋位置，并非是工序验收时测量的钢筋位置，通常这种改变，随着施工管理水平的好坏，差别也很大。有些将影响到结构安全及使用寿命等，故将这项指标也列入优良工程评价标准。这样，一方面可确保结构工程质量，另一方面会促进施工过程的管理及对前道工程工序质量的保护，这也是对《混凝土结构工程施工质量验收规范》GB 50204—2002 的一个重大改进，实现了对竣工工程的检测。

检查方法：结构实体钢筋保护层厚度检验对象主要是梁类构件和板类构件的纵向受力钢筋。可采用非破损或局部破损方法检验，也可用非破损方法检验，并用局部破损方法进行校准检验。

检验用的设备仪器应经过计量检验，检测操作应符合相应规程的规定。

检查标准：钢筋保护层厚度的检验允许偏差分别为：梁类构件为+10mm，-7mm；板类构件为+8mm，-5mm。

梁类、板类构件纵向钢筋保护层厚度检测应分别进行验收。当梁类、板类构件纵向受力钢筋保护层厚度一次检测合格率达到100％时为一档，取100％的标准分值；当梁类、板类构件纵向受力钢筋保护层厚度一次检测合格率达到90％及以上时为二档，取85％的标准分值；当梁类、板类构件纵向受力钢筋保护层厚度一次检测合格率小于90％但不小于80％时，可再抽取相同数量的构件进行检验，当按两次抽样检测总和计算的合格率为90％及以上时为三档，取70％的标准分值。

抽样检测不合格点的最大偏差值均不应大于允许偏差值的1.5倍，有超过的不得评优良。

其质量评定可参考表5-2进行。

结构实体钢筋保护层厚度评定 表5-2

序号	项目允许偏差	实测数据	判定情况
1. 梁类	+10mm，-7mm(1.5倍为+15mm，-11mm)		① 实测点100％合格； ② 实测点90％及以上合格； ③ 实测点80％及以上，不足90％时再抽查同样数量实测点，按两次抽测点总和计算的合格率达到90％及以上
2. 板类	+8mm，-5mm(1.5倍为+12mm，-8mm)		① 实测点100％合格； ② 实测点90％及以上合格； ③ 实测点80％及以上，不足90％时再抽查同样数量实测点，按两次抽测点总和计算的合格率达到90％及以上
评定结果			(1) 梁类、板类实测点合格率都达到100％时为一档； (2) 梁类、板类实测点有一项达不到100％，但都达到90％及以上时为二档； (3) 梁类、板类实测点合格率当有一项是或两项是经过再抽样达到90％及以上时为三档； (4) 梁类、板类实测点当有实测值超过1.5倍允许偏差值时，不得评优良

汇总人： 年 月 日

二、钢结构工程性能检测

钢结构工程性能检测项目共有三项，分别为焊缝内部质量、高强螺栓连接副紧固质量和钢结构涂装质量。

1. 钢结构工程焊缝内部质量

钢结构的连接（焊接、紧固件连接）质量是钢结构加工制作和安装的主要工序，是影响钢结构质量的关键，是钢结构质量检查的重点，是结构工程评价的否决项目，其检测结果必须达到设计要求，评为二档。

由于在钢结构施工中，特别是在加工过程中，焊缝连接占钢结构连接的比重很大，所以，连接质量的检查，尤其是焊缝内部质量检查更为重要，是直接影响钢结构安全的重要因素。

通常是设计图纸对焊缝质量提出要求。质量验收规范也有规定，设计要求全焊透的一、二级焊缝，应采用超声波探伤进行焊缝内部质量缺陷的检验，当超声波探伤不能对质量缺陷作出判断时，应采用射线探伤检验，焊缝内部质量缺陷分级及探伤方法应符合现行国家标准《钢焊缝手工超声波探伤方法和探伤结果分级法》GB 11345 或《钢熔化焊对接接头射线照相和质量分级》GB 3323 的规定。

一、二级焊缝的质量等级、缺陷分级及探伤比例应符合表5-3。

一、二级焊缝质量等级及缺陷分级　　　　表 5-3

焊缝质量等级		一级	二级
内部缺陷超声波探伤	评定等级	Ⅱ	Ⅲ
	检验等级	B级	B级
	探伤比例	100%	20%
内部缺陷射线探伤	评定等级	Ⅱ	Ⅲ
	检验等级	AB级	AB级
	探伤比例	100%	20%

探伤比例的计数方法应按以下原则确定：

（1）对工厂制作焊缝，应按每条焊缝计算百分比，且探伤长度应不小于200mm，当焊缝长度不足 200mm 时，应对整条焊缝进行探伤；加工件进场时检查检验报告，检查报告结果应符合设计要求，探伤比例等，应符合表 5-3 的规定，否则不得验收。

(2) 对现场安装焊缝，应按同一类型、同一施焊条件的焊缝条数计算百分比，探伤长度应不小于 200mm，并应不少于 1 条焊缝。在焊接 24d 后检查，用规定的检验方法进行检验。当进行焊缝内部缺陷检验后，出现内部缺陷时必须返修，焊缝返修率≤2%时为一档，取 100%的标准分值；2%＜焊缝返修率≤5%时为二档，取 85%的标准分值；焊缝返修率＞5%时为三档，取 70%的标准分值。所有焊缝经返修后均应达到合格质量标准。

其质量评定可参考表 5-4 进行。

焊缝内部质量评定　　　　　　　　表 5-4

序号	检测方法	探伤比例	检验情况	返修后情况
1	超声波	焊缝条数： 探伤条数： 探伤比例：	有问题条数探伤条数：	
2	射线	焊缝条数： 探伤条数： 探伤比例：	有问题条数探伤条数：	
	评定结果	(1) 返修率≤2% (2) 2%≤返修率＜5% (3) 5%≤返修率 (4) 返修后均应达到合格标准		

汇总人：　　　年　月　日

2. 高强度螺栓连接副紧固质量检验。

在紧固件连接工程中应用扭剪型高强度螺栓、高强度大六角头螺栓等高强度螺栓，施工终拧完成后，应在 1h 后，48h 内进行终拧扭矩检查，以验证高强度螺栓施工扭矩是否达到规定值，保证钢结构连接的紧固质量。高强度螺栓连接副紧固质量是结构工程评价的否决项目，必须达到设计要求，评为二档。这里所讲的连接主要是指施工现场拼接、安装等连接用的高强度螺栓连接。常用的检验的方法有：扭矩法检验、转角法检验和扭剪型高强度螺栓施工扭矩检验等。

(1) 扭矩法检验

高强度螺栓在施工终拧完成后,在螺尾端头和螺母相对位置划线,将螺母退回60°左右,用扭矩扳手测定拧回至原来位置时的扭矩值。该扭矩值与施工扭矩值的偏差在10%以内为合格。

高强度螺栓连接副终拧扭矩值 T_c 为:

$$T_c = K \cdot P_c \cdot d$$

式中　T_c——终拧扭矩值(N·m);

　　　P_c——施工预拉力值标准值(kN),见表5-5;

　　　d——螺栓公称直径(mm);

　　　K——扭矩系数,按(4)计算确定。

高强度大六角头螺栓连接副初拧矩值 T,可按 $0.5T_c$ 取值。

高强度螺栓连接副施工预拉力标准值 P_c(kN)　　　表5-5

螺栓的性能等级	螺栓公称直径(mm)					
	M16	M20	M22	M24	M27	M30
8.8s	75	120	150	170	225	275
10.9s	110	170	210	250	320	390

(2) 转角法检验

① 检查初拧后在螺母与相对位置所画的终拧起始线和终止线所夹的角度是否达到规定值。

② 在螺尾端头和螺母相对位置画线,然后全部卸松螺母,再按规定的初拧扭矩和终拧角度重新拧紧螺栓,观察与原画线是否重合。终拧转角与原画线偏差在10°以内为合格。

终拧转角与螺栓的直径、长度等因素有关,应由试验确定。

(3) 扭剪型高强度螺栓施工扭矩检验

观察尾部梅花头拧掉情况:尾部梅花头被拧掉者视同其终拧扭矩达到合格质量标准;尾部梅花头未被拧掉者应按上述扭矩法或转角法检验。通常未扭掉比例不应大于5%。

(4) 扭矩系数 K 计算

扭矩系数应经试验确定,试验用螺栓应在施工现场待安装的螺栓批中随机抽取,每批应抽取8套连接副进行复验。

连接副扭矩系数复验用的计量器具应在试验前进行标定,误差不得超过2%。

将抽取的螺栓穿入轴力计,在测出螺栓预拉力 P 的同时,应测出施加于螺母上的施工扭矩值 T,扭矩系数 K 为:

$$K=\frac{T}{P \cdot d}$$

式中　T——施工扭矩(N·m);

　　　d——高强度螺栓的公称直径(mm);

　　　P——螺栓预拉力(kN),试验时预拉力值应符合表5-6。

螺栓预拉力值范围(kN)　　　　　表5-6

螺栓规格(mm)		M16	M20	M22	M24	M27	M30
预拉力值 P	10.9s	93~113	142~177	175~215	206~250	265~324	325~390
	8.8s	62~78	100~120	125~150	140~170	185~225	230~275

每组8套连接副扭矩系数的平均值应为0.110~0.150,标准偏差小于或等于0.010。

(5) 高强度螺栓连接副紧固质量检测评价

高强度螺栓连接副紧固质量检测按扭矩法、转角法和施工扭矩检测的结果按表5-7的规定进行判定。对于每个抽检的螺栓应判定出其为好的点或合格点。

高强度螺栓连接副紧固质量检测判定标准　　　表5-7

紧固方法	判定结果	
	好的点	合格点
扭矩法紧固	终拧扭矩偏差 ΔT $\Delta T \leqslant 5\%T$	终拧扭矩偏差 $5\%T < \Delta T \leqslant 10\%T$
转角法紧固	终拧角度偏差值 $\Delta \theta$ $\Delta \theta \leqslant 5°$	终拧角度偏差 $5° < \Delta \theta \leqslant 10°$
扭剪型高强度螺栓施工扭矩	尾部梅花头未拧掉比例 Δ $\Delta \leqslant 2\%$	尾部梅花头未拧掉比例 $2\% < \Delta \leqslant 5\%$

检查方法:通常情况是检查施工单位和监理单位共同完成的检测报告,必要时也可以实际抽查验证一部分,或参加施工单位和监理单位进行的检测,以便了解检测的具体情况。不合格的应处理到

合格，将检测报告中的数据进行汇总，汇总表见表 5-8，并进行分析计算，将计算结果填入结构工程性能检测评分表，见表 5-12。

高强度螺栓连接副紧固质量检测汇总表　　表 5-8

序号	检测方法	依据检测报告编号	实测数据				判定情况
1	扭矩法 $d=$						好的点 合格点
2	转角法 $d=$						好的点 合格点
3	施工扭矩 $d=$						好的点 合格点
评定结果	1. 全部高强螺栓连接副紧固质量检测好的点达到 95% 及以上，其余为合格点时，为一档，取 100% 的标准分值。2. 全部高强螺栓连接副紧固质量检测好的点达到 85% 及以上，但不足 95%，其余为合格点时为二档，取 85% 的标准分值。3. 全部高强螺栓连接副紧固质量检测好的点达不到 85%，其余点均达到合格点时为三档，取 70% 的标准分值						

汇总人：　　年　月　日

3. 钢结构涂装质量检测

钢结构涂装是保护钢结构免除或减少环境腐蚀的影响，提高耐火程度的重要措施，对提高钢结构质量，尤其是延长钢结构使用寿命和提高耐火性起到重要作用，故将其作为优良评价的指标。

钢结构涂装有防腐涂装和防火涂装两大类，防火涂装又分为薄涂型和厚涂型两种。各类涂装层应分别检测，用漆膜厚度仪、测针等进行检测。

检查方法：在钢结构涂装后，对涂层干漆膜厚度进行检测。防腐涂装应抽查构件数量的10%，且不少于3件。每个构件抽测5处，每处测3个相距50mm的测点，取其平均值。

防火涂装抽查同类构件数量10%，且不少于3件。楼板和防火墙的防火涂层测定，可选两相邻纵、横轴线相交的墙面为一个单元，在其对角线上，按每米长度选一点进行检测；全钢结构的梁、柱的防火涂层检测，在构件长度内每隔3m取一截面检测；钢桁架上弦和下弦每隔3m取一截面检测，构件的每个面各测一点。楼板、墙面在选择的面积中至少测5点；梁、柱在选择的位置中，分别测6个点和8个点，分别计算其平均值。通常检查钢结构涂装漆膜厚度检测报告，必要时也可实际进行抽测，并进行统计计算。钢结构涂装漆膜厚度质量检测标准见表5-9。钢结构涂装漆膜厚度检查，根据施工单位和监理单位验收时检测报告中的漆膜厚度实测值和实际抽测的实测数据汇总作统计计算，见表5-10。

钢结构涂装漆膜厚度质量检测标准 表5-9

涂装类型	判 定 结 果	
	好 的 点	合 格 点
防腐涂料	干漆膜总厚度允许偏差(Δ) $-10\mu m \geqslant \Delta$	干漆膜总厚度允许偏差(Δ) $-25\mu m \geqslant \Delta > -10\mu m$
薄涂型防火涂料	各处的测值平均值应满足设计要求，各测点涂层厚度(δ)允许偏差(Δ)$-5\%\delta \geqslant \Delta$	各处的测值平均值应满足设计要求，各测点涂层厚度(δ)允许偏差(Δ) $-10\%\delta \geqslant \Delta > -5\%\delta$
厚涂型防火涂料	90%及以上面积应符合设计厚度，且最薄处厚度不应低于设计厚度的90%	80%及以上面积应符合设计厚度，且最薄处厚度不应低于设计厚度的85%

钢结构涂装漆膜厚度检测汇总表　　　　　表 5-10

序号	依据检测报告编号	实测数据							判定情况
1. 防腐涂装									好的点 合格点
2. 薄涂型 防火涂装									好的点 合格点
3. 厚涂型 防火涂装									好的点 合格点
评定结果									

汇总人：　　　年　月　日

检查标准：当全部涂装涂膜厚度检测点，好的点达到95%及以上，其余点达到合格点时为一档，取100%的标准分值；当全部涂装涂膜厚度检测点好的点达到85%及以上，其余点达到合格时为二档，取85%的标准分值；当全部涂装涂膜厚度检测点好的点达不到85%，其余点均达到合格点时为三档，取70%的标准分值。

将统计计算结果填入结构工程性能检测评分表，见表5-12。

三、砌体结构工程性能检测

砌体结构工程中砌块、砂浆及组砌方法等虽是主要性能，但并不是完全由操作质量决定的。完全由操作质量控制的工程性能，砌体结构工程只筛选了每层砌体垂直度和全高砌体垂直度两项指标，以此来代表砌体结构工程的性能检测。

允许偏差：每层砌体垂直度允许偏差≤5mm；而全高砌体垂直度允许偏差，当全高≤10m时，允许偏差≤10mm；当全高＞10m时，允许偏差≤20mm。

检查数量：对于每层垂直度，外墙每20m查1处，内墙按有代表性的自然间，抽查10%，且不少于3间，每间查2处；全高垂直度通常查阳角，不少于4处。用靠尺、吊线或经纬仪检查。每层垂直度在检验批验收时检查，全高垂直度在分项工程(分部、子分部)工程验收时检查。在进行优良评价时，多数是根据砌体工程检验批、分项验收表来核查，必要时也可实际抽查。先审查砌体工程检验批、分项工程质量验收记录，包括检测方法、抽样数量、测量数据等应符合规范规定，然后摘取有关检测数据进行汇总分析计算。砌体工程每层、全高垂直度汇总表见表5-11。

砌体工程每层、全高垂直度汇总表　　　表5-11

序号	检查项目		依据检验批分项工程验收表编号	实测数据							判定情况
1	每层垂直度≤5mm										平均值：
2	全高垂直度	全高≤10m ≤10mm										平均值：
		全高＞10m ≤20mm										

判定结果：(1) 每层垂直度：
　　　　　(2) 全高垂直度：

汇总人：　　　年　月　日

检查标准：对于每层垂直度、全高垂直度允许偏差，各检测点实测值均应达到规范规定值，凡超过的评价为零分。每层垂直度允许偏差值在均达到≤5mm的基础上，各检测点实测值平均值≤3mm的为一档，取100%的标准分值；实测平均值＞3mm、≤4mm的为二档，取85%的标准分值；各测点均达到规范规定值，且平均值＞4mm、≤5mm的为三档，取70%的标准分值。全高垂直度允许偏差值，平均达到全高＞10m时为20mm或≤10m为

10mm的基础上，各检测点实测值平均值≤6mm或≤12mm时为一档，取100%的标准分值；>6mm或>12mm、≤8mm或≤16mm时为二档，取85%的标准分值；>8mm或>16mm、≤10mm或≤20mm为三档，取70%的标准分值。

将统计计算结果填入结构工程性能检测评分表，见表5-12。

结构工程性能检测评分表　　　　表5-12

工程名称		施工阶段			检查日期		年 月 日	
施工单位				评价单位				
序号	检查项目		应得分	判定结果			实得分	备注
				100%	85%	70%		
1	混凝土结构	实体混凝土强度	50			/		
		结构实体钢筋保护层厚度	50					
2	钢结构	焊缝内部质量	(60)					
		高强度螺栓连接副紧固质量	60					
		钢结构涂装 防腐	20					
		钢结构涂装 防火	20					
3	砌体结构	砌体垂直度 每层	50					
		砌体垂直度 全高 ≤10	50					
		砌体垂直度 全高 >20	(50)					
4	地下防水层渗漏水		(100)			/		
检查结果	权重值30分。 应得分合计： 实得分合计： 　　　　结构工程性能检测评分＝$\frac{实得分}{应得分}×30=$ 　　　　评价人员： 　　　　　　　　　　　　　　　　　　年　月　日							

注：当一个工程项目中同时有混凝土结构、钢结构、砌体结构，或只有其中两种时，其权重值按各自在项目中占的工程量比例进行分配，但各项应为整数。当砌体结构仅为填充墙时，只能占10%的权重值。其施工现场质量保证条件，质量记录、尺寸偏差及限值实测和观感质量的权重值分配与性能检测比例相同。

当有地下防水层时，其权重值占结构权重值的5%，其他项目同样按5%来计算。

四、地下防水层渗漏水检验

对于地下防水工程，因其主体都包括在结构工程中，没有必要再将地下结构评价一次，但若不评价地下防水工程，对工程的使用功能将会有重大的影响，关键是地下室不能有渗漏水，故将地下防水工程检测的最终结果作为优良评价标准的检查项目。

检查方法：在工程完工后，对地下室的外墙、底板等，全面进行观察及尺量检查，并进行记录。进行优良评价时，主要是检查施工单位、监理单位的验收记录，必要时可现场检查，并进行分析计算。检查标准根据《地下防水工程质量验收规范》GB 50208—2002 第 301 条规定。无渗水，结构表面无湿渍的为一档，取 100% 的标准分值；结构表面有少量湿渍，整个工程湿渍总面积不大于总防水面积的 1‰，单个湿渍面积不大于 $0.1m^2$，任意 $100m^2$ 防水面积不超过 1 处的为三档，取 70% 的标准分值。本场检验没设二档标准。

将统计计算结果填入结构工程性能检测表。

各项结构工程性能检测项目检查完后，按表 5-12 计算结构工程性能检测评分。

第二节 结构工程质量记录

结构工程质量记录包括混凝土结构工程、钢结构工程、砌体结构工程及地下防水层的有关质量记录资料。

一、混凝土结构工程质量记录

1. 材料出厂合格证及进场验收记录

（1）构成混凝土的原材料及各种规格的钢筋的质量记录资料，主要有：

① 砂、碎（卵）石、掺合料、水泥、钢筋、外加剂等材料的出厂合格证（出厂检验报告）、进场验收记录及水泥、钢筋的复试报告。

有些材料如砂、石等有时没有出厂合格证时，应按有关砂、石规范规定进行试验，并出具试验报告。进口材料要有中文的商检证明及技术性能报告，进口材料的合格证等文件的内容要能说明该材料的技术性能,其技术性能要符合订货合同的要求,并满足设计要求和规范规定。

进场验收记录是对进场材料、构配件质量的一次把关,由质量检查员、材料人员对每一种材料的数量、包装情况、外观质量、随材料的有关资料文件进行检查和记录,签字负责并形成进场验收记录。

进场验收记录内容应包括:材料、构配件名称、品种、规格、进场数量、生产厂家、出厂批号、进场日期等基本内容;进场件数、表面质量情况(有无损坏、破包、污染),以及开箱检查情况;随材料来的资料文件,包括生产厂家生产许可证、出厂合格证、试验报告、厂家质量保证书、进口商检证、中文资料及装箱单、附件明细表等。

② 水泥、钢筋复试报告。用在结构混凝土的水泥,使用前应按规范规定,对同一厂家、同一等级、同一品种、同一批号,连续进场的袋装水泥每 200 吨、散装每 500 吨抽样,对强度、凝结时间和安定性进行复验合格;在使用中对水泥质量有怀疑或进场时间超过三个月(快凝水泥超过一个月)时,应进行复试。

钢筋使用前应按规范规定进行复试,对同一厂家、同一炉罐号、同一规格、同一交货状态的钢筋,每 60 吨为一验收批,取一组试件(拉伸、弯曲各 2 个)进行复验。拉伸强度、弯曲试验结果应符合设计要求。如果出现脆断或焊接需要还应对有关化学成份试验合格,对有拼装要求的框架结构,纵向受力筋为一、二级抗震等级时,其检验抗拉强度实测值与屈服强度实测值的比值不应小于 1.25;其屈服强度实测值与强度标准值比不应大于 1.3。

复试应由有资格的试验单位承担,并出具试验报告。

预应力混凝土用钢绞线复试拉伸试验结果(包括整根钢绞线的最大负荷、屈服负荷、伸长率、松弛率等),应符合设计要求。

(2) 预制构件合格证(出厂检验报告)及进场验收记录

预制构件主要是各种梁、板、柱等构件,多数是按设计要求专门加工的。进场除检查构件本身的外观质量、数量外,需对构件的规格、尺寸、型号、试验报告的试验结论等核对,应符合设计及订货合同要求。由质量检查员、材料人员等对进场构件详细检查,形成进场验收记录,并签字负责。

验收记录内容包括：构件数量、规格型号、外观质量、堆放场地情况等，并注明有关资料文件。

（3）预应力筋用锚夹具、连接器的出厂合格证、进场验收记录及复试报告

锚夹具、连接器出场应带有相应的合格证，进场时应对其数量、外观、包装情况进行开箱检查，产品的技术性能应符合设计要求，检查后，应按规定形成进场验收记录，设计要求复试的应在施工前按规定进行抽样复试，复试合格后才能使用。

2. 施工记录

混凝土结构工程的施工记录相对较多，因为施工过程的有关情况都会对混凝土质量造成影响。除了施工现场应做施工日志记录外，对一些专门的施工过程程序进行记录，对工程质量情况都有较大的影响。其主要记录资料有：

（1）预拌混凝土合格证及进场塌落度试验报告；

（2）混凝土施工记录；

（3）装配式结构吊装记录；

（4）预应力筋安装、张拉及灌浆记录；

（5）隐蔽工程验收记录；

（6）检验批、分项、分部(子分部)工程质量验收记录。

各项施工记录应与工程同步形成，记录内容应真实、有效，签认手续完善。

3. 施工试验

混凝土结构工程的施工试验资料也较多，优良评价标准摘取了其中的主要项目，作为评价内容，主要试验资料有：

（1）混凝土配合比试验报告；

（2）混凝土试件强度评定及混凝土强度试验报告；

（3）钢筋连接试验报告。

混凝土配合比试验报告，要由有相应资质的试验单位通过试验出具配合比试验报告。对预拌混凝土应由预拌混凝土厂按订购混凝土强度等级等要求，在提供预拌混凝土有关资料的同时，对每个品种和强度等级的混凝土，应提供一份混凝土配合比试验报告，以了

解混凝土的有关质量情况，便于施工中采取相应施工措施和有针对性地处理混凝土施工和使用中情况。

混凝土试件强度评定及混凝土试件强度试验报告，都是反映混凝土质量的。混凝土试件强度试验报告，包括标养试件和同条件养护试件两种试件强度报告，其取样数量能覆盖有关工程的全部结构部位，其试块制作养护条件应符合 GBJ 107—87 的规定，试验数据满足规范规定和设计要求；评定结果要满足规范规定，评定方法尽量优先选用统计方法一，或统计方法二，以便做到及时发现问题并及时纠正。

钢筋连接试验报告，应包括施工前的相应连接型式的复验试验报告，或近期内同施工条件、同一型式试验报告和工程使用中，按工程检验批进行的抽样核验报告。其技术性能都应达到设计要求和规范规定。

4. 混凝土结构工程质量记录资料的汇总

由于混凝土结构工程质量记录资料比较多，检查时应分别列出名细，便于复查，可借助表格进行。混凝土结构工程质量记录资料的汇总表见表 5-13。经过对资料评价，将评价档次填入结构工程质量记录评分表，见表 5-17。

混凝土结构工程质量记录资料汇总表　　　表 5-13

序　号	资料项目名称	资料分数及编号	判定情况
1. 材料合格证、进场验收记录及复试报告	砂出厂合格证，进场验收记录		
	碎（卵）石出厂合格证，进场验收记录		
	掺合料出厂合格证，进场验收记录		
	外加剂合格证，进场验收记录		
	水泥、钢材出厂合格证、进场验收记录		
	水泥、钢材复试报告		
	构件出厂合格证及进场验收记录		
	预应力锚夹器、连接器出厂合格证、进验收记录及复试报告		

续表

序号	资料项目名称	资料分数及编号	判定情况
2. 施工记录	预拌混凝土出厂合格证及进场塌落试验报告		
	混凝土施工记录		
	装配式结构吊装记录		
	预应力筋安装、张拉及灌浆记录		
	隐蔽工程验收记录		
	检验批质量验收记录		
	分项工程质量验收记录		
	分部(子分部)工程质量验收记录		
3. 施工试验	混凝土配合比试验报告		
	混凝土试件强度评定及混凝土试件强度试验报告		
	钢筋连接试验报告		

汇总人： 年 月 日

二、钢结构工程质量记录

1. 材料合格证及进场验收记录

(1) 钢结构工程的材料主要有钢材、焊接材料、紧固连接件等原材料，各种材料进场必须做进场验收，从材料数量、外观等方面检验验收，并核对其合格证是否完整，形成进场验收记录资料，后附合格证，质量检查员、材料人员签字负责。钢材、焊接材料按设计要求需抽样复试的，核验复试报告。

(2) 加工件合格证(出厂检验报告)及进场验收记录。钢结构工程的施工程序是先将各构件、部件在工厂加工成型，然后在工地只进行组装、拼装及安装工作，这些在工厂加工的构件、部件运到工地时必须严格检查，除质量检查员、材料人员外，必要时工程技术负责人、监理人员也应参加检查。对加工的构件、部件外观质量表面是否锈蚀等、包装完整情况、特别是变形损坏情况、堆放情况等详细检查记录，并检查有关资料，如焊缝内部质量检查记录、钢材、焊材合格证等，形成进场验收记录。

(3) 防火、防腐涂装材料出厂合格证(出厂检验报告)及进场验收记录。涂装材料进场要对照订货合同，除数量外，应对生产厂家、牌号、规格、成份、技术性能等进行检查，并检查包装完整情况，出厂日期、生产日期、有效期限等，以此形成进场验收记录，质量检查员、材料人员签字负责。

2. 施工记录

钢结构工程的施工记录项目较多，主要摘取了以下项目：

（1）焊接施工记录。主要是指施工现场施焊的部分，应记录到每个焊工的情况、焊接部位、焊接现场环境情况，以及施工程序执行情况等。这是保证焊接质量的重要环节，按专门的表格填写。由现场施工人员记录，并经技术负责人审核签认。

（2）构件吊装记录。构件吊装记录是证明钢结构质量的一项重要资料，按专门的表格进行填写，记录吊装构件加固等准备情况、吊装机具、安装顺序、起止时间等，由施工人员填写，技术负责人签字认可。

（3）预拼装构件检查记录。通常都有专门的表格供填写在正式安装前，预拼装工厂加工构件、部件是为了有计划施工及保证施工顺利进行的一项措施。预拼装可在工厂和施工现场进行，预拼成功后，拆卸时对构件、部件编号以供按顺序正式安装，除了记录拼装过程、顺序及环节外，主要是记录拼装后的质量情况，尺寸偏差、螺孔位置的正确性及整体质量，如起拱度等。经过技术负责人及监理工程师核查后签字认可。

（4）高强度螺栓连接副施工扭矩检验记录。高强螺栓连接副施工扭矩检验包括初拧、复拧和终拧扭矩的现场无损检查。记录内容包括高强度螺栓连接副施工扭矩检验的时间，检验用工具设备，如采用扭矩法、转角法或扭剪型高强度螺栓施工扭矩检验及检验的过程等，其检验数据供性能检测判定用。检查记录除具体检验人员、质量检查员签字外，技术负责人、监理工程师也应签字认可。

（5）焊缝外观及焊缝尺寸检查记录。这项内容在检验批的质量验收内容中也有，质量验收是在班组或施工人员自行检查基础上的抽查，这里所讲的检查记录是指施工班组或施工人员自行检查的记录，主要检查记录资料，焊缝外观、尺寸符合规范规定，检查范围要覆盖到全部工程。这些资料主要检查在施工现场加工和拼装的焊缝的检查记录，对于在工厂加工的焊缝质量情况由工厂在出厂合格证中说明。检查记录由质量检查员、施工人员签字认可。

（6）柱脚及网架支座检查记录。这项检查主要是保证柱、网架的安装能顺利进行的一项措施，与构件预拼装检查起到相同作用。检查内容包括柱脚、网架支座、螺栓的规格、位置、外露长度、丝扣完整清洁、柱脚的标高、预埋件及支座处强度情况等，由质量检查员签字认可。

（7）隐蔽工程验收记录。钢结构工程的隐蔽验收项目主要包括涂装前，对有关节点焊缝螺栓情况及表面处理等，以及被混凝土覆盖的部分，在涂装前和覆盖前进行的检查记录，形成文字资料。

（8）检验批、分项、分部（子分部）工程验收记录。正常的工程质量验收文件，必须覆盖到工程的每个部位。完备的审签手续，是进行质量验收和评价的基本资料。

3. 施工试验

钢结构工程的施工试验项目较多，主要项目包括：

（1）螺栓最小荷载试验报告；

（2）高强螺栓预拉力复验报告；

（3）高强度大六角头螺栓连接副扭矩系数复试报告；

（4）高强度螺栓连接摩擦面抗滑移系数检验报告；

（5）网架节点承载力试验报告。

这些项目都是在施工前进行试验的，有些需根据设计要求在出厂前进行试验。

螺栓最小荷载试验是检验螺栓抗拉强度的试验，用规定的方法进行拉力试验，在规定的最小拉力荷载值内螺栓不得断裂。当超过最小拉力荷载值直至拉断时，断裂应发生在杆部或螺纹部分，不应发生在螺头与杆部的交接处。最小拉力载荷值可查 GB/T 3098.1—2000 中的表 6 粗牙螺纹及表 8 细牙螺纹。

高强螺栓预拉力复验是指施工前在施工现场安装的螺栓中，随机抽取 8 套连接副进行复验，按规定经初拧、终拧两次进行，直至尾部梅花头扭掉，读出预拉力值，预拉力值的平均值及标准偏差值应达到规范规定值，预拉力值和标准偏差值可查 GB 50205—2002

中的附录 B，表 B.0.4。

高强度大六角螺栓连接副扭矩系数复试，是在复试中求得螺栓预拉力值，将施拧扭矩值除以该检螺栓直径和螺栓预拉力值，求得扭矩系数，其平均值应为 0.110～0.150。

高强度螺栓连接摩擦面抗滑移系数检验，应在制造和安装阶段分别进行试验，工程量每 2000 吨为一批，选二种处理工艺，每批取三个试件。每个试件的预拉力值应在 0.95～1.05 倍设计预拉力值之间，经初拧、终拧完成紧固后，在拉力机上拉伸，当发生滑动等时，求得实测滑移荷载，滑移荷载除以检验试件一侧螺栓数及预拉力平均值之和，即得抗滑移系数。

网架节点承载力试验。对建筑结构安全等级为一级，跨度 40m 及以上的钢网架结构公共建筑，且设计有要求时，应做网架节点承载力试验。焊接球节点应进行轴心拉、压承载力试验，其破坏荷载大于或等于 1.6 倍的设计承载力；螺栓球节点应按设计指定规格的球的最大螺孔、螺纹进行抗拉强度保证荷载试验，当达到螺栓的设计承载力时，螺孔、螺纹及封板仍完好无损。保证载荷值可查 GB/T 3098—2000 中的表 7 粗牙螺纹，表 9 细牙螺纹。

4. 钢结构工程质量记录资料的汇总

钢结构工程质量记录资料的检查，由于资料比较多，应分别列出有关资料的明细，为便于复查，可借助表格进行，钢结构工程质量记录资料的汇总表，见表 5-14。经过对资料的评价，将评价档次填入结构工程质量记录评分表，见表 5-17。

钢结构工程质量记录资料汇总表　　　　　表 5-14

序号	资料项目名称	资料分数及编号	判定情况
1. 材料合格证及进场验收记录	钢材出厂合格证、进场验收记录及复试报告		
	焊材出厂合格证、进场验收记录及复试报告		
	紧固连接件出厂合格证、进场验收记录及复试报告		
	加工件出厂检验证、进场验收记录		
	防火防腐涂料出厂合格证、进场验收记录		

续表

序号	资料项目名称	资料分数及编号	判定情况
2. 施工记录	焊接施工记录		
	构件吊装记录		
	预拼装构件检查记录		
	高强度螺栓连接副施工扭矩检验记录		
	焊缝外观及焊缝尺寸检查记录		
	柱脚及网架支座检查记录		
	隐蔽工程验收记录		
	检验批工程验收记录		
	分项工程验收记录		
	分部(子分部)工程质量验收记录		
3. 施工试验	螺栓最小荷载试验报告		
	高强度螺栓预拉力复试报告		
	高强度大六角头螺连接矩系数复试报告		
	高强度螺栓连接摩擦面抗滑移系数检查报告		
	网架节点承载力试验报告		

汇总人： 年 月 日

三、砌体结构工程质量记录

1. 材料出厂合格证及进场验收记录

砌体结构工程中使用的主要材料是水泥、砌块、外加剂，这些材料应有出厂合格证及进场验收记录；另外，还应有水泥、砌块的复试报告。

水泥出厂应有除 28d 强度外的全部水泥质量指标的出厂合格证，然后到期应补报 28d 强度，应与出厂合格证放在一起保存。水泥出厂超过 3 个月，水泥受潮或怀疑有质量问题时，还应对水泥进行抽样复试，复试的主要内容是强度、安定性及凝结时间。

有的砌块出厂时有试验报告，并在出厂合格证上注明该砌块的强度值，某些厂家生产的砌块出厂时没有注明该砌块的强度值，当设计对使用在承重墙上的砌块强度提出要求时，使用前应按规定进行复试，水泥及砌块复试都应由有资质的检测单位进行，并出具试验报告。

外加剂应有出厂合格证，对其改善砂浆性能的技术指标应经过砂浆配合比试验，使砂浆达到要求的性能。

2. 施工记录

砌体结构工程的施工记录主要包括砌筑砂浆使用记录、隐蔽工程验收记录及检验批、分项、分部(子分部)工程质量验收记录。砌筑砂浆使用记录的作用，主要是提醒施工过程中，要及时将拌制好的砌筑砂浆使用完，以免经过长时间放置，受水泥初凝时间、终凝时间的影响，砂浆强度会降低。正常温度时，拌制好的水泥砂浆要在3小时内使用完，混合砌筑砂浆要在4小时内使用完。如施工温度达到30℃时，应分别在2小时或3小时内使用完。在高温、低温环境中砂浆的使用情况也应做好使用记录，控制好放置时间。隐蔽工程验收记录，在砌筑工程中正常情况下没有隐蔽验收的内容，有特殊要求时，应在施工组织设计中说明，没有时可不检查。

检验批、分项、分部(子分部)工程质量验收记录，是正常的工程质量验收，应按质量验收规范的规定进行，做好验收记录，是施工单位及监理单位应进行的工程质量验收程序。

3. 施工试验

砌体结构工程的施工试验记录比较少，主要有：砌筑砂浆配合比试验报告，砂浆试件强度评定和砂浆试件强度试验报告，以及水平灰缝砂浆饱满度检测记录等。

砌筑砂浆的配合比应经过试配确定，由有资质的试验单位进行，并出具砂浆配合比试验报告。

在砌体结构工程中，应按规定留取砌筑砂浆强度试件，每一检验批且不超过250m³砌体的各种类型及强度等级的砌筑砂浆，每台班至少抽检一次。砂浆试件强度评定，按同一类型、同一强度为一验收批且不少于3组。其平均值不小于设计强度，最小一组值应大于等于设计强度的0.75倍，当验收批只有一组试件时，其强度平均值应大于等于设计强度值。

水平灰缝砂浆饱满度检测记录，每检验批抽查不应少于5处，每处检测3块砖，取其平均值。用百格网检查砖底面与砂浆的粘结痕迹面积。检查结果不应小于80%。

4. 砌体结构工程质量记录资料汇总

砌体结构工程质量记录资料的检查，应列出有关资料的明细，为便于复查，可借助表格进行，砌体结构工程质量记录资料的汇总表，见表5-15。经过对资料的评价，将评价档次填入结构工程质量记录评分表，见表5-17。

砌体结构工程质量记录资料汇总表　　　表5-15

序　号	资料项目名称	资料分数及编号	判定情况
1. 材料出厂合格证及进场验收记录	水泥、砌块、外加剂出厂合格证及进场验收记录		
	水泥、砌块复试报告		
2. 施工记录	砂浆使用情况记录		
	隐蔽工程验收记录		
	检验批工程验收记录		
	分项工程验收记录		
	分部（子分部）验收记录		
3. 施工试验	砌筑砂浆配合比试验报告		
	砌浆试件强度试验报告		
	砂浆试件强度评定		
	水平灰缝砂浆饱满检测报告		

汇总人：　　　年　月　日

四、地下防水层质量记录

1. 防水材料出厂合格证、进场验收报告

这里所讲的地下防水及防水材料主要是指附加防水层的防水材料，其中有片材也有涂料，以及胶结材料。这些材料应按设计要求订货，进场时严格按订货合同要求进行验收和检查，形成进场验收记录。对设计要求对材料进行抽样复试的，应按规定进行抽样复试，并出具复试报告。

2. 防水层施工记录及质量验收记录

这是两个不同情况的施工记录。前者指施工过程关于施工情况、环境、人员等的记录资料，由施工单位自行完成；后者指地下防水层完工后的质量验收记录，这是正常质量管理程序，由施工单位和监理单位共同完成。

3. 防水材料配合比试验报告

通常地下防水层是作为附加层来使用，大多采用片材防水层，有的还增加一道涂层防水层，某些涂层防水层，以及片材胶结料等，由两种及以上成分组成，有配合比要求的，要按规定出具配合比试验报告。

4. 地下防水层质量记录资料汇总

地下防水层质量记录资料的检查，应列出有关资料的明细，为便于复查，可借助表格进行地下防水层质量记录资料的汇总表，见表5-16。经过对资料的评价，将评价档次填入结构工程质量记录评分表，见表5-17。

地下防水层质量记录资料汇总表　　表5-16

序号	资料项目名称	资料分数及编号	判定情况
1. 防水材料出厂合格证及进场验收报告	卷材、塑料板、涂料防水材料出厂合格证，进场验收记录		
	卷材、塑料板复试报告		
2. 施工记录	防水层施工记录		
	防水层质量验收记录		
3. 施工试验	涂料防水材料配合比试验		
	卷材胶结材料配合比试验		

汇总人：　　年　月　日

结构工程质量记录汇总列表后，逐项进行审查判定，将判定结果填入结构工程质量记录评分表相应项目中，见表5-17，计算各项评分得分，求得质量记录资料评分。

求得结构工程质量评分后,将各项辅助表,表5-13、14、15、16,附在表5-17后。有关具体资料不一定附在后边,只将其编号记在辅助表中,其原始质量记录仍放在质量验收资料中,但应注明原件存放地点,以便于查找。

结构工程质量记录评分表　　　　　　　表 5-17

工程名称		工程施工阶段		检查日期				
施工单位			评价单位					
序号	检查项目		应得分	判定结果			实得分	备注
				100%	85%	70%		
1	混凝土结构	材料合格证及进场验收记录	砂、碎(卵)石、掺合料、水泥、钢筋、外加剂出厂合格证(出厂检验报告)、进场验收记录及水泥、钢筋复试报告	10				
			预制构件出厂合格证(出厂检验报告)及进场验收记录	10				
			预应力锚夹具、连接器出厂合格证(出厂检验报告)、进场验收记录及复试报告	10				
		施工记录	预拌混凝土合格证及进场塌落度试验报告	5				
			混凝土施工记录	5				
			装配式结构吊装记录	10				
			预应力筋安装、张拉及灌浆记录	5				
			隐蔽工程验收记录	5				
			检验批、分项、分部(子分部)质量验收记录	10				
		施工试验	混凝土配合比试验报告	10				
			混凝土试件强度评定及混凝土试件强度试验报告	10				
			钢筋连接试验报告	10				

续表

工程名称			工程施工阶段		检查日期			
施工单位					评价单位			
序号	检查项目			应得分	判定结果			实得分	备注
					100%	85%	70%		
2	钢结构	材料合格证及进场验收记录	钢材、焊材、紧固连接件原材料出厂合格证(出厂检验报告、及进场验收记录及钢材、焊接材料复试报告	10					
			加工件出厂合格证(出厂检验报告)及进场验收记录	10					
			防火、防腐涂装材料出厂合格证(出厂检验报告)及进场验收记录	10					
		施工记录	焊接施工记录	5					
			构件吊装记录	5					
			预拼装检查记录	5					
			高强度螺栓连接副施工扭矩检验记录	5					
			焊缝外观及焊缝尺寸检查记录	5					
			柱脚及网架支座检查记录	5					
			隐蔽工程验收记录	5					
			检验批、分项、分部(子分部)工程质量验收记录	5					
		施工试验	螺栓最小荷载试验报告	5					
			高强螺栓预拉力复验报告	5					
			高强度大六角头螺栓连接副扭矩系数复试报告	5					
			高强度螺栓连接摩擦面抗滑移系数检验报告	5					
			网架节点承载力试验报告	10					

续表

工程名称		工程施工阶段			检查日期			
施工单位				评价单位				
序号	检查项目		应得分	判定结果			实得分	备注
				100%	85%	70%		
3	砌体结构	材料合格证及进场验收记录	水泥、砌块、外加剂出厂合格证(出厂检验报告)、进场验收记录及水泥、砌块复试报告	30				
		施工记录	砌筑砂浆使用施工记录	10				
			隐蔽工程验收记录	15				
			检验批、分项、分部(子分部)工程质量验收记录	15				
		施工试验	砂浆配合比试验报告	10				
			砂浆试件强度评定及砂浆试件强度试验报告	10				
			水平灰缝砂浆饱满度检测记录	10				
4	地下防水层	材料合格证及进场验收记录	防水材料出厂合格证、进场验收记录及复试报告	(30)				
		施工记录	防水层施工及质量验收记录	(40)				
		施工试验	防水材料配合比试验报告	(30)				
检查结果	权重值25分。 应得分合计： 实得分合计： 结构工程质量记录评分＝$\dfrac{实得分}{应得分}\times 25=$ 评价人员：　　　　　　　年　月　日							

第三节 结构工程尺寸偏差及限值实测

一、结构工程实测评价项目

结构工程尺寸偏差及限值实测项目，都是结构工程完工后控制工程质量的实测项目。该控制值对施工精度、控制措施的有效性、企业技术管理的水平都是一个检验。对提高企业管理水平，保证工程质量有较好的促进作用。具体项目同表 5-18。具体项目见表 5-18。

实测项目数据摘录汇总分析表　　　　表 5-18

序号	允许偏差及限值项目(mm)			尺寸偏差及限值测量数值	数据分析
1. 混凝土结构	受力钢筋保护层厚度		柱、梁±5		
			板、墙、壳±3		
	混凝土	轴线位置	独立基础 10		
			墙、柱、梁 8		
		标高	层高±10		
			全高±30		
2. 钢结构	单层结构整体垂直度 $H/1000$，且≤25				
	多层结构整体垂直度（$H/2500+10$），且≤50				
	网格总拼完成后挠度值≤1.15 倍设计值				
	网格屋面工程完成后挠度值≤1.15 倍设计值				
3. 砌体结构	轴线位置偏移 10				
	砌体表面平整度 8				
4. 地下防水层	防水卷材、塑料板搭接宽度-10				

　　　　　　　　　　　　　　　　　　汇总人：　　　年　月　日

二、数据汇总评价

结构工程尺寸偏差及限值实测项目数据汇总的方法通常是将施工过程由施工、监理验收过的分项工程中的检验批，随机抽取 10 个，将有关项目的数据摘录出来，列表汇总，进行分析计算。结构工程数据汇总分析表，见表 5-18。

将表 5-18 中的摘录数据按 3.5.3 条规定逐项进行判定，将判定结果填入结构工程尺寸偏差及限值实测评分表中，见表 5-19。

求得实测评分后，将表 5-18 作为附件附在表 5-19 后。原始的有关检验批、分项工程质量验收表可不附，将其编号后，放在原工程质量验收资料中，但应注明存放地点，以便查找。

结构工程尺寸偏差及限值项目实测评分表　　表 5-19

工程名称				施工阶段		检查日期		年 月 日	
施工单位						评价单位			

序号	检查项目			应得分	判定结果			实得分	备注
					100%	85%	70%		
1	混凝土结构	钢筋	受力钢筋保护层厚度 柱梁 ±5mm	20					
			板、墙、壳 ±3mm	20					
		混凝土	轴线位置 独立基础 10mm	20					
			墙、柱、梁 8mm	20					
			标高 层高 ±10mm	10					
			全高 ±30mm	10					
2	钢结构	结构尺寸	单层结构整体垂直度 $H/1000$，且≤25mm	50					
			多层结构整体垂直度（$H/2500+10$），且≤50mm	(50)					
		网格结构	总拼完成后挠度值≤1.15倍设计值(mm)	50					
			屋面工程完成后挠度值≤1.15倍设计值（mm）	(50)					
3	砌体结构	轴线位置偏移	10mm	50					
		砌体表面平整度	8mm	50					
4	地下防水层	卷材、塑料板搭接宽度-10mm		(100)					

检查结果	权重值 20 分。 应得分合计： 实得分合计： 　　结构工程尺寸偏差及限值项目实测评分＝$\dfrac{实得分}{应得分}\times 20$＝ 　　　　　　　　　　评价人员：　　　　　　　　年 月 日

111

第四节 结构工程观感质量

结构工程的观感质量以往没有引起足够的重视,随着建筑工程质量的提高、建筑技术的发展,对结构工程的观感质量也提出了更高的要求,实际结构工程观感质量,是反映结构工程的综合质量,对提高结构工程的耐久性、安全性,改善使用功能,起到重要作用,同时也为装饰装修工程提供良好的条件等。

一、结构工程观感质量评价项目

结构工程观感质量评价是结构工程的全面的评价,故将质量验收规范中的主要项目都列为评价项目。有些项目在工程中没有出现的,就不评价。这些项目都是宏观的综合评价。

二、结构工程观感质量评价标准

对各项不同结构分别提出评价标准。

1. 混凝土工程观感质量检查标准按表 5-20 进行判定。

凡出现一个严重缺陷的点就评为差的点。

没有严重缺陷和一般缺陷的点为好的点;

没有严重缺陷,没有一般缺陷的点达到 90% 及以上,其余点为一般缺陷的点为一般的点;

一个项目中出现超过 2 点严重缺陷或超过 10% 的一般缺陷的工程不得评优良。

混凝土工程观感质量检查标准　　　　表 5-20

项 目	现 象	严重缺陷	一般缺陷
露 筋	构件内钢筋未被混凝土包裹而外露	纵向受力钢筋有露筋	其他钢筋有少量露筋
蜂 窝	混凝土表面缺少水泥砂浆而形成石子外露	构件主要受力部位有蜂窝	其他部位有少量蜂窝
孔 洞	混凝土中孔穴深信和长度均超过保护层厚度	构件主要受力部位有孔洞	其他部位有少量孔洞

续表

项目	现象	严重缺陷	一般缺陷
夹渣	混凝土中夹有杂物且深度超过保护层厚度	构件主要受力部位有夹渣	其他部位有少量夹渣
疏松	混凝土中局部不密实	构件主要受力部位有疏松	其他部位有少量疏松
裂缝	缝隙从混凝土表面延伸至混凝土内部	构件主要受力部位有影响结构性能或使用功能的裂缝	其他部位有少量不影响结构性能或使用功能的裂缝
连接部位缺陷	构件连接处混凝土缺陷及连接钢筋、连接件松动	连接部位有影响结构传力性能的缺陷	连接部位有基本不影响结构传力性能的缺陷
外形缺陷	缺棱掉角、棱角不直、翘曲不平、飞边凸肋等	清水混凝土构件有影响使用功能或装饰效果的外形缺陷	其他混凝土构件有不影响使用功能的外形缺陷
外表缺陷	构件表面麻面、掉皮、起砂、沾污等	具有重要装饰效果的清水混凝土构件有外表缺陷	其他混凝土构件有不影响使用功能的外表缺陷

2. 钢结构工程观感质量检查标准按以下说明判定。

(1) 焊缝外观质量。焊缝表面不得有裂纹、焊瘤；一、二级焊缝不得有气孔、夹渣、弧坑裂纹、电弧擦伤等缺陷；二、三级焊缝外观质量检查标准应符合表 5-21。

二、三级焊缝外观质量检查标准(mm)　　表 5-21

项目	允许偏差	
缺陷类型	二级	三级
未焊满(指不足设计要求)	≤0.2+0.02t，且≤1.0	≤0.2+0.04t，且≤2.0
	每 100.0 焊缝内缺陷总长≤25.0	
根部收缩	≤0.2+0.02t，且≤1.0	≤0.2+0.04t，且≤2.0
	长度不限	

续表

项　目	允　许　偏　差	
咬　边	≤0.05t，且≤0.5；连接长度≤100.0，且焊缝两侧咬边总长≤10%焊缝全长	≤0.1t，且≤1.0，长度不限
弧坑裂纹	—	允许存在个别长度≤5.0的弧坑裂纹
电弧擦伤	—	允许存在个别电弧擦伤
接头不良	缺口深度≤0.05t，且≤0.5 每1000.0焊缝不应超过1处	缺口深度≤0.1t，且≤1.0
表面夹渣	—	深≤0.2t，长≤0.5t，且≤20.0
表面气孔	—	每50.0焊缝长度内允许直径≤0.4t，且≤3.0的气孔2个，孔距≥6倍孔径

注：表内 t 为连接处较薄的板厚。

（2）普通紧固件外观质量。普通紧固螺栓应牢固、可靠，外露丝扣不少于2扣，自攻钉、拉铆钉、射钉等规格尺寸与连接板材相匹配，间距、边距符合设计要求，与连接钢板紧固密贴，外观排列整齐。

（3）高强度螺栓连接外观质量。扭剪型高强螺栓未扭掉梅花头的螺栓不应多于5%，并按规定进行扭矩检查。螺栓终拧后，外露丝扣2～3扣，可有10%的外露1扣或4扣。高强螺栓扩孔不应用气割扩孔，扩孔孔径不应大于1.2d。螺栓球节点，拧入螺栓球的螺纹长度不应小于1.0d，连接处不应出现间隙、松动等未拧紧情况。

（4）钢结构表面质量。钢结构表面不应有疤痕、泥沙等污垢；主要构件上的中心线、标高基点等应标记齐全。

（5）钢网架结构表面质量。网架支承垫块的种类、规格、摆放位置，支座锚栓应紧固，符合设计及规范要求，安装完成后节点及杆件表面应干净，不应有明显的疤痕、泥沙和污垢，应将所有螺栓球节点接缝用油腻子填嵌严密，并将多余的螺孔封口。

（6）普通涂层表面质量。构件表面不应误涂、漏涂，涂层不应脱皮和返锈，涂层应均匀，无明显皱皮、滚坠、针眼和气泡等。设计有要求时，应测试涂层附着力，测试结果应符合设计要求，涂装后构件的标志、标记和编号应清晰完整。

（7）防火涂层表面质量。防火涂层不应有误涂、漏涂，涂层应闭合，无脱层、空鼓、明显凹陷、粉化松散和浮浆、乳突等外观缺陷。

（8）压型金属板安装质量。压型金属板、泛水板和包角板等应固定可靠、牢固，防腐涂料及密封材料敷设应完好，连接件数量、间距应符合设计规定及规范要求；压型金属板应在承重构件上可靠搭接，搭接长度应符合设计要求，且最小搭接长度应符合设计要求：截面高度＞70mm，为375mm；截面高度≤70mm时，屋面坡度＞1/10，为250mm；屋面坡度≤1/10，为200mm，墙面为120mm；组合楼板中压型金属板与主体结构的锚固支承长度应符合设计要求，且不小于50mm，端部锚固件连接应可靠，设置位置应符合设计要求；屋面压型金属板安装平整、顺直，表面不应有残留物及污物，檐口和墙面下端应呈直线，不应有未经处理的错钻孔洞。

（9）钢平台、钢梯、钢栏杆安装质量。安装应符合《固定式钢直梯》GB 4053.1、《固定式钢斜梯》GB 4053.2、《固定式防护栏杆》GB 4053.3、《固定式钢平台》GB 4053.4等规范规定。在建筑工程中应用较少。

3. 砌体工程观感质量检查。该检查是在工程完成后施工现场的宏观质量检查，检查内容为砌筑过程中主要的工序质量。

（1）砌筑留槎。能不留槎尽量不留槎，或将槎留在构造柱上。留槎留成斜槎，水平投影长度不应大于高度的2/3，不能留斜槎时，除转角处外，非抗震设防地区，可留直槎，应留成阳槎，不应留阴槎，但必须加设拉结筋，其数量为每120mm墙厚放1φ6拉结筋，间距沿高度不超过500mm，埋入长度每边均不小于500mm，对6度、7度设防地区不应小于1000mm，末端应有90°弯钩。

(2) 组砌方法。砖、砌块摆放正确，上下错缝，内外搭接，柱不应有包心砌法。混水墙中长度小于等于300mm的通缝，每间房不能有3处及以上，且不在同一墙面上。

(3) 马牙槎拉结筋。构造柱与墙体连接处，应砌成马牙槎，马牙槎先退后进，预留的拉结筋数量、位置正确，施工中不应任意弯折。钢筋竖向移位不大于100mm，每一马牙槎沿高度方向尺寸偏差不超过300mm，每一构造柱连接的钢筋竖向位移和马牙槎尺寸偏差不应超过2处。

(4) 砌体表面质量。墙体砌完后，每层及规定高度砌体，最上一皮砖应砌丁砖，水平缝应横平竖直、厚薄均匀，竖向灰缝不得有透亮、瞎缝、假缝。留置施工洞口应留出离墙500mm，宽度应小于1m；在120mm厚墙，料石清水墙和独立柱，过梁上，宽度小于1m的窗间墙上，梁及梁垫下50mm范围内等不得设置脚手眼。补脚手眼，应填满砂浆，不得用砖填塞；设计要求留置的洞口、沟槽等应正确留出，不应打凿墙体，超过300mm的洞口应加设过梁。墙体表面应整洁、平整。

(5) 网状配筋及位置。砌体有网状配筋时，钢筋位置应按设计要求放置，间距应符合设计要求，超过设计要求1皮砖厚的不得多于1处。

(6) 组合砌体拉结筋。水平灰缝内的钢筋应居中置于灰缝中，水平灰缝厚度应大于钢筋直径4mm以上。灰缝长度不宜小于50d，且其水平或垂直弯折段的长度不宜小于20d和150mm；钢筋的搭接长度不应小于55d。砌体外露面砂浆保护层的厚度不应小于15mm。在潮湿环境或有化学侵蚀介质的环境中，砌体灰缝中的钢筋应采取防腐措施。竖向受力钢筋保护层应符合设计要求，拉结筋两端应设弯钩，拉结筋及箍筋的位置应符合设计要求。

(7)细部质量,如脚手眼留置情况、洞口、管道埋设、沟槽留置、梁垫及楼顶面找平、灌浆、修补等情况,进行综合评价。综合检查分项工程,分部(子分部)工程质量验收记录或部分现场抽查,并综合分析。

4.地下防水层观感质量检查标准按以下说明。

地下防水层施工完成后,进行质量验收时必须检查的有以下内容:

(1)表面质量。卷材防水层搭接缝应粘结牢固,密封严密,不得有皱折、翘边和鼓泡等缺陷;侧墙防水层保护层应与防水层粘结牢固、结合紧密、厚度均匀一致。塑料板防水层铺设应平顺,与基层固定牢固,不得有下垂和损坏现象,焊缝宜采用双条焊缝焊接,焊缝符合设计要求等。

(2)细部处理。变形缝、施工缝、后浇带、穿墙管道、预埋件等细部构造符合设计要求,构造合理;止水带、遇水膨胀橡胶腻子等措施到位、没有渗漏;穿墙止水环安装正确;接缝处表面混凝土密实、干燥、密封材料填嵌严密。全面检查防水层质量验收记录,综合分析。

三、结构工程观感质量评价

结构工程观感质量的评价,通常检查施工现场或通过检查施工单位和监理单位检查现场认可的分部(子分部)工程质量验收记录,可将验收记录的评价摘抄到观感项目检查辅助表上来,将项目逐项列出,再按结构部位不同分别进行检查评价,进行分析计算。检查辅助表见表5-22。将辅助表中各项判定结果,用表5-23来计算评价结构工程观感质量的评价得分。

混凝土结构工程、钢结构工程、砌体结构工程和地下防水层观感质量,凡符合上述规定的检查点都为好的点,凡有些检测点达不到规定要求的,经过返修及处理后,达到规定要求的,为一般的点;不易返修或返修作用不好的,观感会受到一定的影响,可评为差的点,然后再按标准第3.5.4条的规定评价,将各项目评出一、二、三档等级。填入结构工程观感质量评分表,求得观感质量评分,见表5-23。

结构工程观感质量检查辅助表 表 5-22

序号	检查项目	检查点检查结果				检查资料依据		检查结果
		检查点数	好的点数	一般的点数	差的点数	分部(子分部)验收记录	现场检查记录	
1. 混凝土工程	露筋							
	蜂窝							
	孔洞							
	夹渣							
	疏松							
	裂缝							
	连接部位缺陷							
	外形缺陷							
	外表缺陷							
2. 钢结构工程	焊缝外观质量							
	普通紧固件连接外观质量							
	高强度螺栓连接外观质量							
	钢结构表面质量							
	钢网架结构外观质量							
	普通涂层表面质量							
	防火涂层表面质量							
	压型金属板安装质量							
	钢平台、钢梯、钢栏杆安装外观质量							
3. 砌体结构工程	砌筑留槎							
	组砌方法							
	马牙槎拉结筋							
	砌体表面质量							
	网状配筋及位置							
	组合砌体拉结筋							
	细部质量							
4. 地下防水层	表面质量							
	细部处理							

汇总人：　　　年　月　日

结构工程观感质量评分表

表 5-23

工程名称		施工阶段		检查日期		年 月 日
施工单位			评价单位			

序号	检查项目		应得分	判定结果			实得分	备注
				100%	85%	70%		
1	混凝土结构	露筋	10					
		蜂窝	10					
		孔洞	10					
		夹渣	10					
		疏松	10					
		裂缝	15					
		连接部位缺陷	15					
		外形缺陷	10					
		外表缺陷	10					
2	钢结构	焊缝外观质量	10					
		普通紧固件连接外观质量	10					
		高强度螺栓连接外观质量	10					
		钢结构表面质量	10					
		钢网架结构表面质量	10					
		普通涂层表面质量	15					
		防火涂层表面质量	15					
		压型金属板安装质量	10					
		钢平台、钢梯、钢栏杆安装外观质量	10					
3	砌体结构	砌筑留槎	20					
		组砌方法	10					
		马牙槎拉结筋	20					
		砌体表面质量	10					
		网状配筋及位置	10					
		组合砌体拉结筋	10					
		细部质量	20					

续表

工程名称			施工阶段			检查日期	年 月 日
施工单位				评价单位			
序号	检查项目		应得分	判定结果			实得分	备注
				100%	85%	70%		
4	地下防水层	表面质量	(50)					
		细部处理	(50)					
检查结果	权重值15分。 应得分合计： 实得分合计： $$结构工程观感质量评分=\frac{实得分}{应得分}\times 15=$$ 评价人员： 年 月 日							

第六章 屋面工程质量评价

第一节 屋面工程性能检测

一、屋面工程性能检测项目

屋面工程的主要功能包括防止雨水渗漏和保温两个大的方面。其性能检测为屋面渗漏和保温层厚度二个项目符合设计要求。

1. 屋面防水层淋水、蓄水试验

屋面工程的防水层施工完成后,为了检验其防水效果,应进行淋水或蓄水试验。对坡度较大的屋面可采用淋水试验检验方法,平顶或坡度小的屋面可采用蓄水或淋水试验检验方法。

屋面防水层淋水试验,是仿照下雨持续淋水 2h 后或在相当大的雨后,检查防水层有无渗漏水现象,有无积水和排水系统是否畅通等。

2. 保温层厚度测定

屋面保温层是保证房屋工程的使用功能,节约能源的一个重要方面,质量应得到应有的重视。除了保温材料材质(表观密度、导热系数、含水率)应符合设计要求外,其铺设厚度是保温的关键,故将其作为一项检测指标。

二、屋面工程性能检测评价

屋面蓄水试验是在可做蓄水试验的屋面上,蓄水 24h 后进行检查,蓄水要覆盖到防水层的全部部位,当屋面无渗漏,且放水后,无积水和排水系统畅通为合格。

防水层及细部无渗漏、无积水、排水畅通为一档;防水层和细部无渗漏,但局部有少量积水,积水水深不超过 30mm 为二档;经返修后达到无渗漏的为三档,防水层淋水、蓄水性能检测,用防水工程试水检查记录表进行记录,见表 6-1。

防水工程试水检查记录

工程名称: 表 6-1

施工单位			
检查部位		检查日期	
检查方式	蓄水、淋水、雨期观察	蓄水、淋水时间	从 月 日 时 至 月 日 时 |展

检验方法及内容(雨期观察应说明下雨的情况):

检验结果:

专业监理工程师:	质检员:	施工员:
年 月 日	年 月 日	年 月 日

注:由施工单位试验,监理单位参加。

保温层厚度检测用钢针和尺量检查,规范规定其允许偏差为厚度的+10%,-5%。本评价标准规定,厚度达到+10%,-3%为一档;厚度达到+10%,-5%为二档;80%及以上但不到100%的检测点达到+10%,-5%的要求,其余检测点经返修后达到要求的为三档。

保温层厚度检测应每 $100m^2$ 不少于一处,每个屋面不少于3处,每处检测 3 点。检测应做好记录,保温层厚度检测记录表见表 6-2。

保温层厚度检测记录表

表 6-2

工程名称：				
施工单位				
检查部位		检查日期		年 月 日
检测工具	钢针及钢板尺			

检验方法及内容说明(附检测点平面图)：

保温层厚度实测	1		6		
	2		7		
	3		8		
	4		9		
	5		10		

检验结果：

专业监理工程师：	质检员：	施工员：
年 月 日	年 月 日	年 月 日

注：由施工单位测试，监理单位参加。

防水层检测和保温层厚度检测结果填入屋面工程性能检测评分表，进行统计评分，见表 6-3。

屋面工程性能检测评分表 表6-3

工程名称		施工阶段		检查日期		年 月 日	
施工单位				评价单位			
序号	检查项目	应得分	判定结果			实得分	备注
			100%	85%	70%		
1	屋面防水层淋水、蓄水试验	60					
2	保温层厚度测试	40					
检查结果	权重值30分。 应得分合计： 实得分合计： 屋面工程性能检测评分=$\frac{实得分}{应得分}\times 30=$ 评价人员： 年 月 日							

第二节 屋面工程质量记录

一、屋面工程质量记录检查项目

1. 屋面工程材料出厂合格证及进场验收记录

屋面防水工程材料主要是防水卷材、涂膜防水材料、密封材料、瓦、压型板、保温材料等，设计有要求时卷材还应抽样复试防水性能。出厂合格证、进场验收记录以及复试报告，为材料的主要质量记录，是保证工程使用的防水材料是合格材料的主要措施。其检查辅助表见表6-4。

2. 施工记录

屋面防水工程是房屋建筑工程的一项主要内容，是保证房屋不渗漏的项目，施工中应认真做好工程质量，为便于控制工序施工和佐证工序施工的有效性，应做施工记录，主要做记录的工序是：卷材、涂膜防水层基层施工记录；天沟、檐沟、檐口、水落口、泛水、变形缝及伸出屋面管道周围、女儿墙、烟道周围的防水层及基层细部做法施工记录；卷材及涂膜防水层施工记录；刚性保护层与防水卷材及涂膜防水层之间设置的隔离层施工记录；保温层中埋置的管线，以及保温层等需隐蔽的部分验收记录；检验批、分项工程、分部(子分部)工程质量验收记录等。

屋面工程质量记录资料汇总表　　　　表 6-4

序号	资料项目名称	分数及编号	判定内容	判定情况
1. 材料合格证及进场验收记录	防水卷材出厂合格证、进场验收记录及复试报告			
	涂膜防水材料出厂合格证及进场验收记录复试报告			
	密封材料出厂合格证及进场验收记录复试报告			
	瓦材料出厂合格证及进场验收记录复试报告			
	压型板材出厂合格证及进场验收记录复试报告			
	保温材料出厂合格证及进场验收记录复试报告			
2. 施工记录	基层施工记录			
	细部做法施工记录			
	卷材、涂膜防水层施工记录			
	附加层、隔离层施工记录			
	保温层施工记录			
	隐蔽工程验收记录			
	检验批质量验收记录			
	分项工程质量验收记录			
	分部(子分部)工程质量验收记录			
3. 施工试验	细石混凝土配合比试验报告			
	涂料防水、密封防水材料配合比试验报告			

汇总人：　　　　年　月　日

3. 施工试验

屋面防水工程施工过程的试验比较少，较常用的有刚性防水层细石混凝土配合比试验报告；某些防水涂料、密封防水材料的配合比试验报告。如果有这些试验报告，就应进行审查，并检查其实施执行情况。其检查辅助表格，见表 6-4。

二、屋面工程质量记录资料汇总及评价

屋面工程质量记录资料是根据施工单位评定合格,监理单位核验认可的分部(子分部)工程验收资料中的有关资料,进行汇总评价,其资料的数量及资料的质量情况,可借助辅助表进行汇总审查,见表6-4。经审查后,其数量和资料质量能够说明施工使用的材料是合格的,施工过程的管理是有效的,施工过程有关试验是符合设计及规范要求的,再按标准第3.5.2条规定,判定其档次,即可填入屋面工程质量记录评分表,进行统计评分,见表6-5。表6-4可附在表6-5后,作为评分的依据。

屋面工程质量记录评分表　　　　　表6-5

工程名称		施工阶段		检查日期			年　月　日
施工单位				评价单位			
序号	检查项目		应得分	判定结果			实得分	备注
				100%	85%	70%		

序号	检查项目		应得分	100%	85%	70%	实得分	备注
1	材料合格证及进场验收记录	瓦及混凝土预制块合格证及进场验收记录	10					
		卷材、涂膜材料、密封材料合格证、进场验收记录及复试报告	10					
		保温材料合格证及进场验收记录	10					
2	施工记录	卷材、涂膜防水层的基层施工记录	5					
		天沟、檐沟、泛水和变形缝等细部作法施工记录	5					
		卷材、涂膜防水层和附加层施工记录	10					
		刚性保护层与防水层间隔离层施工记录	5					
		隐蔽工程验收记录	5					
		检验批、分项、分部(子分部)工程质量验收记录	10					

续表

工程名称		施工阶段		检查日期		年 月 日	
施工单位				评价单位			
序号	检查项目		应得分	判定结果		实得分	备注
				100% 85% 70%			
3	施工试验	细石混凝土配合比试验报告	15				
		防水涂料、密封材料配合比试验报告	15				
检查结果	权重值 20 分。 应得分合计： 实得分合计： 屋面工程质量记录评分＝$\dfrac{实得分}{应得分}\times 20$＝ 评价人员： 年 月 日						

第三节 屋面工程尺寸偏差及限值实测

一、屋面工程尺寸偏差及限值实测项目

屋面工程尺寸偏差及限值实测是控制屋面工程质量的重要方面，对保证防水效果，屋面工程的安全都有影响。评价实测项目只选择了其中一些主要项目，作为控制屋面工程的主要允许偏差及限值实测项目进行检查，以此为代表来判定屋面工程的施工精度，控制措施的有效性，对企业提高技术管理，保证工程质量都有较好的促进作用。其项目是：

1. 找平层及排水沟排水坡度。
2. 卷材防水层卷材搭接宽度。
3. 涂料防水层厚度。
4. 瓦屋面。压型板纵向搭接及泛水搭接长度、挑出墙面长度；脊瓦搭盖坡瓦宽度；瓦伸入天沟、檐沟、檐口的长度。
5. 细部构造。防水层贴入水落口杯长度；变形缝、女儿墙防水层立面泛水高度。

二、屋面工程尺寸偏差及限值实测检查标准

1. 平屋面找平层及排水沟排水坡度。屋面找平层坡度应不小于3%；排水沟内排水坡度不小于1%。

2. 卷材防水层卷材搭接宽度，按材料铺贴要求，不少于-10mm，即宽了没关系，窄了不行，但宽也不能宽的太多，会造成浪费。

3. 涂料防水层厚度，不小于设计厚度的80%。

4. 压型板、瓦屋面的伸出长度

(1) 压型板搭接长度及挑出墙面长度≥200mm。

(2) 脊瓦搭盖坡瓦宽度≥40mm。

(3) 瓦伸入天沟、檐沟、檐口长度50～70mm。

5. 细部构造

(1) 防水层贴入水落口杯长度≥50mm。

(2) 变形缝、女儿墙防水层屋面泛水高度≥250mm。

屋面工程尺寸偏差及限值实测，多数为限值，为了适应标准3.5.3条的规定，除了双向控制值及伸出长度50～70mm项目外，其余项目按各测点均达到规范规定值，且有80%及其以上的测点值平均值达到规定值0.8倍，可按其限值除0.8，求得的数值判定。即坡度1%，为1.25%；坡度3%，为3.8%；-10mm，为-8mm。

三、屋面工程尺寸偏差及限值实测评价

屋面工程尺寸偏差及限值实测的数据，主要还是施工过程中，通过施工企业自检评定，监理单位审查认可的工程质量验收资料中摘录的有关数据，必要时也可实地抽查检测一部分，目的也是验证性的，其数据摘录是随机在有关分项工程中抽取10个检验批，不足10个的全部抽取，将其中有关项目的数据进行摘录。用数据汇总辅助表进行汇总、分析计算。屋面工程实测数据汇总辅助表，见表6-6。

屋面工程尺寸偏差及限值数据汇总表　　　表6-6

序号	尺寸偏差及限值项目	尺寸偏差及限值实测数值	数据分析
1	找平层及排水沟排水坡度1%～3%		
2	防水卷材层搭接宽度-10mm		
3	涂料防水层厚度不小于设计厚度80%		

续表

序号	尺寸偏差及限值项目	尺寸偏差及限值实测数值					数据分析
4	压型板纵向搭接及泛水搭接长度，挑出墙面长度≥200mm						
	脊瓦搭盖坡瓦宽度≥40mm						
	瓦伸入天沟、檐沟、檐口的长度 50~70mm						
5	防水层贴入水落口的长度≥50mm						
	变形缝、女儿墙防水层立面泛水高度≥250mm						

汇总人： 年 月 日

将表 6-6 中的数据，按标准 3.5.3 条规定逐项进行判定，将判定结果填入屋面工程尺寸偏差及限值实测评分表，进行统计评分。见表 6-7。

屋面工程尺寸偏差及限值实测评分表　　　　表 6-7

工程名称			施工阶段		检查日期		年 月 日	
施工单位					评价单位			
序号	检查项目		应得分	判定结果			实得分	备注
				100%	85%	70%		
1	找平层及排水沟排水坡度		20					
2	防水卷材搭接宽度		20					
3	涂料防水层厚度		(40)					
4	瓦屋面	压型板纵向搭接及泛水搭接长度、挑出墙面长度	(40)					
		脊瓦搭盖坡瓦宽度	(20)					
		瓦伸入天沟、檐沟、檐口的长度	(20)					
5	细部构造	防水层伸入水落口杯长度	30					
		变形缝、女儿墙防水层立面泛水高度	30					

续表

工程名称		施工阶段		检查日期		年 月 日	
施工单位				评价单位			
序号	检查项目		应得分	判定结果		实得分	备注
				100% 85% 70%			
检查结果	权重值20分。 应得分合计： 实得分合计： 屋面工程尺寸偏差及限值实测评分＝$\dfrac{实得分}{应得分}\times 20=$ 评价人员： 年 月 日						

第四节　屋面工程观感质量

一、屋面工程观感质量评价项目

屋面工程不仅要重视内在的防水功能，对观感质量也应重视，观感不仅是外表，对防水层的细部质量、防水效果都应进行宏观的检查，对上人屋面更有直接的影响。

由于屋面工程包括的内容较多，只将一些重要内容列出进行检查，列出的项目将屋面分为卷材屋面、金属板材屋面、瓦屋面及其他屋面四种类型及细部构造，综合进行评价。由于卷材屋面使用多，故列出了其重点检查内容，包括卷材铺设质量、排气道设置质量、保护层铺设质量及上人屋面面层。同时，屋面工程的重点是防水工程，防水工程的重点是细部构造，故将屋面细部构造专门列出进行检查。

二、屋面工程观感质量检查标准

1. 卷材屋面

（1）卷材铺设。铺贴基层：卷材铺设在干净、干燥的基层上。铺贴方向：铺贴方向应正确，屋面坡度小于3%时，宜平行屋脊铺贴；屋面坡度为3%～15%时，可平行或垂直屋脊铺贴；屋面坡度大于15%时，或有震动的屋面，沥青防水卷材应垂直屋脊铺贴，高聚物沥青卷材和合成高分子卷材可平行或垂直屋脊铺贴，上下层卷材不得相互垂直铺贴，坡度大于25%的屋面，卷材防水层应有固定措施。接缝错开：卷材铺贴上下层及相邻两幅卷材的搭接缝应错开，搭接宽度材料不同，空铺、实铺、短边、长边、接缝方法不同、宽度不同，接缝的允许偏差为－10mm。卷材搭接宽度见表6-8。

卷材搭接宽度(mm)　　　　　　　　　　表 6-8

卷材种类	铺贴方法	短边搭接 满粘法	短边搭接 空铺、点粘、条粘法	长边搭接 满粘法	长边搭接 空铺、点粘、条粘法
沥青防水卷材		100	150	70	100
高聚物改性沥青防水卷材		80	100	80	100
合成高分子防水卷材	胶粘剂	80	100	80	100
	胶粘带	50	60	50	60
	单缝焊	60，有效焊接宽度不小于25			
	双缝焊	80，有效焊接宽度10×2＋空腔宽			

卷材搭接缝应粘结牢固，密封严密，不得有皱折、翘边和鼓泡等；防水层的收头应与基层粘结并固定牢固，封口严密，不得翘边。天沟、檐沟、檐口、泛水和立面卷材收头的端部应整齐，塞入预留凹槽内，用压条钉压固定，并用密封材料嵌填密实。

（2）排气孔道设置质量。排气屋面的排气道应纵横贯通，不得堵塞，排气管应安装牢固，位置正确，封闭严密。

（3）保护层铺设质量及上人屋面面层。保护层铺设应在防水层完工并验收合格后进行。绿豆砂应清洁、预热铺撒均匀，与玛琋脂粘结牢固，不得留有未粘结的绿豆砂；云母或蛭石保护层不得有粉料，铺撒应均匀，不应露底，多余的云母或蛭石应清除；水泥砂浆或细石混凝土保护层，砂浆混凝土应密实、表面压光，设置分格缝，砂浆分格面积宜为1m²，细石混凝土分格面积不宜大于36m²；块材保护层也应设分格缝，面积不宜大于100m²，分格缝不小于20mm；水泥砂浆、细石混凝土、块材保护层与防水层之间应设置隔离层；浅色涂料保护层应与卷材粘结牢固，厚薄均匀，不得漏涂；刚性保护层与女儿墙、山墙之间应预留宽度为30mm的缝隙，并用密封材料嵌填密实。

上人屋面面屋按地面工程观感质量标准检查。

2. 金属板屋面铺设质量

金属板材的连接和密封处理符合设计要求，金属板材屋面与主墙及突出屋面结构等交接处，应做泛水处理。两板间应放置通长密封条，螺栓拧紧后，两板的搭接口处应用密封材料封严，压型板应采用带防水垫圈的镀锌螺栓固定，固定点应设在波峰上，所有外露的螺栓均应涂抹密封材料保护。压型板横向搭接不少于1波，纵向搭接不少于200mm；压型板挑出墙面及与泛水的搭接长度不小于200mm，伸入檐沟的长度不小于150mm，金属板材安装平整，固定方法正确，密封完好，排水坡度符合设计要求，檐口线、泛水应顺直，无起伏现象。

3. 平瓦及其他屋面铺设质量

平瓦必须铺设牢固，坡度大时应有固定加强措施。平瓦与主墙及突出屋面结构等交接处应做泛水处理。脊瓦在两坡面瓦上搭盖宽度不小于40mm；伸入天沟、檐沟及挑出封檐板的长度为50～70mm；天沟、檐沟的防水层伸入瓦内宽度不小于150mm。瓦面平整，排列整齐、搭接紧密、檐口整齐，脊瓦搭盖正确、间距均匀、封固严密，屋脊、斜脊顺直，无起伏现象；泛水顺直整齐，结合严密。

其他屋面，参照《屋面工程质量验收规范》GB 50207—2002的有关规定进行检查评价。

4. 细部构造

细部构造指用于屋面的天沟、檐沟、檐口、泛水、水落口、变形缝、伸出屋面管道等防水构造。其做法必须符合设计要求。

卷材或涂膜防水层在天沟、檐沟与屋面交接处、泛水、阴阳角等部位，应增加卷材或涂膜附加层。天沟、檐沟的防水构造：沟内附加层在天沟、檐沟与屋面交接处宜空铺，空铺的宽度不应小于200mm。卷材防水层应由沟底翻上至沟外檐顶部，卷材收头应用钉固定，并用密封材料封严。涂膜收头应用防水涂料多遍涂刷或用密封材料封严。在天沟、檐沟与细石混凝土防水层的交接处，应留凹槽并用密封材料嵌填严密。

檐口的防水构造：铺贴檐口 800mm 范围内的卷材应采取满粘法。卷材收头应压入凹槽，采用金属压条钉压，并用密封材料封口。涂膜收头应用防水涂料多遍涂刷或用密封材料封严。檐口下端应抹出鹰嘴和滴水槽。女儿墙泛水的防水构造：铺贴泛水处的卷材应采取满粘法。砖墙上的卷材收头可直接铺压在女儿墙压顶下，压顶应做防水处理；也可压入砖墙凹槽内固定密封，凹槽距屋面找平层不应小于 250mm，凹槽上部的墙体应做防水处理。涂膜防水层应直接涂刷至女儿墙的压顶下，收头处应用防水涂料多遍涂刷封严，压顶应做防水处理。混凝土墙上的卷材收头应采用金属压条钉压，并用密封材料封严。

水落口的防水构造：水落口杯上口的标高应设置在沟底的最低处。防水层贴入水落口杯内不应小于 50mm。水落口周围直径 500mm 范围内的坡度不应小于 5%，并采用防水涂料或密封材料涂封，其厚度不应小于 2mm。水落口杯与基层接触处应留宽 20mm、深 20mm 凹槽，并嵌填密封材料。

变形缝的防水构造：变形缝的泛水高度不应小于 250mm。防水层应铺贴到变形缝两侧砌体的上部。变形缝内应填充聚苯乙烯泡沫塑料，上部填放衬垫材料，并用卷材封盖。变形缝顶部应加扣混凝土或金属盖板，混凝土盖板的接缝应用密封材料嵌填。

伸出屋面管道的防水构造：管道根部直径 500mm 范围内，找平层应抹出高度不小于 30mm 的圆台。管道周围与找平层或细石混凝土防水层之间，应预留 20mm×20mm 的凹槽，并用密封材料嵌填严密。管道根部四周应增设附加层，宽度和高度均不应小于 300mm。管道上的防水层收头处应用金属箍紧固，并用密封材料封严。

三、屋面工程观感质量评价

屋面工程根据设计要求和规范规定，按检查点的情况，按照上述检查标准，分别评出好、一般、差的质量等级，填入屋面工程观感质量检查辅助表，见表 6-9；再按标准第 3.5.4 条的规定，评出一、二、三档来，填入屋面工程观感质量评分表，见表 6-10。

屋面工程观感质量检查辅助表 表 6-9

序号	检查项目		检查点检查结果				检查资料依据		检查结果
			检查点数	好的点数	一般的点数	差的点数	分部(子分部)验收记录	现场检查记录	
1	卷材屋面	卷材铺设质量							
		排气道设置质量							
		保护层铺设质量及上人屋面面层							
2	金属板材铺设质量								
3	平瓦及其他屋面铺设质量								
4	细部构造								

汇总人：　　　　　　　年　月　日

屋面工程观感质量评分表 表 6-10

工程名称			施工阶段		检查日期		年 月 日
施工单位					评价单位		

序号	检查项目		应得分	判定结果			实得分	备注
				100%	85%	70%		
1	卷材屋面、瓦屋面	卷材铺设质量	20					
		排气道设置质量	20					
		保护层铺设质量及上人屋面面层	10					
2		金属板材铺设质量	(50)					
		平瓦及其他屋面	(50)					
3	细部构造		50					

检查结果	权重值20分。 应得分合计： 实得分合计： 　　　　屋面工程观感质量评分＝$\dfrac{实得分}{应得分}\times 20=$ 评价人员： 　　　　　　　　　　　　　　　年　月　日

第七章 装饰装修工程质量评价

装饰装修工程的材料种类及装饰装修项目很多，很难在标准中评价得面面俱到，由于质量评价的对象主要是质量水平，企业的技术水平和管理水平，只将大的种类列出进行评价就有一定代表性了。有些评价项目是针对装饰装修工程的总体效果的，不是单独指某些具体内容。

第一节 装饰装修工程性能检测

装饰装修工程的性能检测包括很多项目，但能用数据检测表现出来的不多，有些项目即使能检测出来，其作用不大。经对各检测项目筛选，选出了影响建筑工程节能项目，安全性的项目，以及整个工程室内环境的项目等三个方面的项目进行检测。

一、装饰装修工程性能检测项目

1. 外窗传热性能及建筑节能检测。这项检测内容对本标准来讲有些超前，因为节能检测项目在规范、施工质量验收规范中都没有，只有设计规范中有节能50%的要求，在优良工程评价标准本是不应出现的，但从2005年全国节能形势来看，这项工作一定要尽快开展，有些省市已制订了地方标准，并且建筑节能检测规范，施工质量验收规范正在抓紧制订中，即将出台。若不添加这项内容，标准很快就会落后，故将这些项目列入，并注明设计有要求时才进行检测。在目前如设计没提出要求就可以不检测，如设计提出要求应按设计要求的方法和指标进行检测。对于外窗传热性能检测，本标准规定是在实际工程中检测，而不是在试验室对窗体本身的试验，待节能质量验收规范和检测规范出台后，再按规范要求进行统一检测。这项节能检测对象主要是外窗及安装的传热性能，以及墙体的传热性能,能否达到设计要求,目前尚无固定的表格。

2. 幕墙工程与主体结构连接的预埋件及金属框架的连接检测。这项检测包括二个内容:一个是预埋件拉拔力检测;一个是金属框架与主体结构预埋件连接、立柱与横梁的连接及幕墙面板的安装牢固性检测。

(1) 预埋件的检查。根据设计提出的预埋件连接要求,主要检查各种预埋件的数量、规格、位置和防腐处理情况,检查结果必须符合设计要求。对预埋件的质量及预埋情况,在浇筑混凝土前应进行隐蔽工程验收,做出记录,以此作为结构施工对后道工序的交接;在幕墙安装前也应对预埋件数量、位置尺寸进行核对检查并做出记录,作为对前道工序的验收。在实际施工中,由于幕墙设计的滞后或变更,以及没有条件预埋等因素,往往还必须增加一些后置埋件,这些后置埋件必须经过试验确定其承载力,安装完成后还应按设计要求现场抽样做拉拔强度检测,评价时检查隐蔽工程验收记录和幕墙安装前对埋件的核查记录,及后置件检测报告,并记录汇总,见表7-1。

幕墙预埋件及金属框架连接检查表　　　　表 7-1

序 号	检查项目	检查结果
1. 幕墙预埋件	(1) 隐蔽工程检查记录:预埋件的数量、规格、位置及防腐处理情况 (2) 幕墙安装前核对检查记录 (3) 后置埋件拉拔试验报告	
2. 金属框架连接	(1) 金属框与主体结构预埋件连接,单元幕墙连接和吊挂处铝型材壁厚≥5.0mm (2) 立柱采用螺栓与角码连接,螺栓直径≥ϕ10mm;铝壁厚≥3.0mm;钢型材壁厚≥3.5mm (3) 板材与金属框之间硅酮结构胶粘结宽度≥7.0mm	

汇总人:　　　　　　　　年　月　日

(2) 金属框架连接检查。幕墙金属框架与主体结构预埋件连接、立柱与横梁的连接及幕墙面板与金属框架的安装连接，按设计要求进行检查，必须符合设计要求，安装必须牢固。单元幕墙连接处和吊挂处的铝合金型材的壁厚应经设计确定，不得小于5.0mm。立柱采用螺栓与角码连接，螺栓直径应经过计算，并不得小于10mm。立柱和横梁等主要受力构件，其截面受力部分的壁厚应经计算确定，且铝合金型材壁厚不应小于3.0mm，钢型材壁厚不应小于3.5mm。隐框、半隐框幕墙构件中板材与金属框之间硅酮结构密封胶的粘结宽度，应经计算风荷载和板自重荷载后，取两计算结果之中较大值，且不得小于7.0mm。幕墙施工过程中应及时进行检查，前道工序不合格，不得进入下道工序。检查应做出记录，并经监理工程师签字认可，形成验收文件。评价时检查验收文件并记录，见表7-1。

3. 外墙块材镶贴的粘结强度检测。为保证外墙饰面砖粘结质量，防止掉下伤人，在饰面砖施工前可按已确定施工工艺进行示范铺贴，并应在同基层处粘贴出样板件，待达到强度后，按规定进行粘结强度拉拔试验，并在大面积施工后抽样进行验证性检测，并出具检测报告。检验方法和判定结果应符合《建筑工程饰面砖粘结强度检验标准》JGJ 110—97的规定，检测取样时同幕墙体300m^2取一组，每组在间距500mm的位置取3个试件。其粘结强度应符合设计要求。

检测应按饰面砖黏结力检测记录表记录，见表7-2。其破坏状态有8种：①粘结剂与饰面砖界面破坏；②饰面砖破坏；③饰面砖与粘结层界面破坏；④粘结层破坏；⑤粘结层与找平层界面破坏；⑥找平层破坏；⑦找平层与基体界面破坏；⑧基体破坏。当出现③～⑦种情况之一时停止试验，作为检测的黏结力(kN)。当出现①、②、⑧种情况之一时，应重新选点检测。黏结强度应按下式计算：

$$R = \frac{X}{S_1} \times 10^3$$

式中　R——粘结强度 MPa，精确至0.01MPa；
　　　X——黏结力 kN；

S_1——试样受拉面积 mm^2。

取三个试件试验结果的平均值，为该组的粘结强度。

每组试件平均强度$\geqslant 0.40MPa$，其中最小试件强度不小于 $0.30MPa$ 为合格。当其中有一项指标不符合要求时，可在原取样区取双倍试件检验，试验结果仍有一项指标不合格时，判为不合格。

饰面砖黏结力检测记录见表7-2。

外墙饰面砖粘结强度试验报告 表7-2

工程名称：							
检测单位					试件编号		
委托单位					委托编号		
施工单位					粘贴高度		
检测仪器名称及精度					粘贴面积(mm^2)		
饰面砖规格牌号		粘结材料			粘结剂		
抽样部位		龄期(d)			施工日期		
抽样数量		环境温度(℃)			试验日期		
序号	试件尺寸(mm)		受力面积(mm^2)	拉力(kN)	粘结强度(MPa)	破坏状态(序号)	平均强度(MPa)
	长	宽					
检测依据							
检测结果							
备注							
检测单位地址				联系电话			

检测单位(盖章) 批准： 审核 检测 年 月 日

4. 室内环境质量检测。室内环境质量检测是近期工程质量控制的一个重点，保证居住者身体健康的一项重要措施，是一项综合性的质量指标。目前还没有一个完善的过程控制措施，只采用在工程完工后检测室内空气质量的办法进行检测。按照《民用建筑工程室内环境污染控制规范》GB 50325—2001 进行室内空气质量检测。

(1) 检测的方法及依据：

① 《民用建筑工程室内环境污染控制规范》(GB 50325—2001)。

② 《公共场空气中甲醛测定方法》(GB/T 18204.26—2000)。

③ 《公共场所空气中氨测定方法》(GB/T 18204.25—2000)。

④ 《居住区大气中苯、甲苯和二甲苯卫生检验标准方法－气相色谱法》(GB 11737—89)。

(2) 抽样批量。按有代表性的房间室内环境污染物浓度，抽检数量不得少于5%，并不得少于3间；房间总数少于3间时，应全数检测。室内环境污染物浓度检测点应按房间面积设置：

① 房间使用面积小于 $50m^2$ 时，设1个检测点。

② 房间使用面积 $50\sim100m^2$ 时，设2个检测点。

③ 房间使用面积大于 $100m^2$ 时，设 $3\sim5$ 个检测点。

(3) 检测项目。室内环境中氡的浓度、游离甲醛的浓度、氨的浓度、苯的浓度、总挥发性有机化合物(TVOC)的浓度。

(4) 判定标准见表7-3。

判定标准　　　　　　　　　表7-3

污 染 物	Ⅰ类民用建筑工程	Ⅱ类民用建筑工程
氡(Bq/m^3)	≤200	≤400
游离甲醛(mg/m^3)	≤0.08	≤0.12
苯(mg/m^3)	≤0.09	≤0.09
氨(mg/m^3)	≤0.2	≤0.5
TVOC(mg/m^3)	≤0.5	≤0.6

注：表中污染物浓度限量，除氡外均应以同步测定的室外空气相应值为空白值。

Ⅰ类民用建筑工程：住宅、医院、老年建筑、幼儿园、学校教室等民用建筑工程。

Ⅱ类民用建筑工程：办公楼、商店、旅馆、文化娱乐场所、书店、图书馆、体育馆、公共交通等候室、餐厅、理发店等民用建筑工程。

检测结果填入室内环境质量检测结果表，见表 7-4。

室内环境质量检测结果　　　　　　表 7-4

测点编号	限量标准 / 抽样位置	氡，(Bq/m^3)	游离甲醛，(mg/m^3)	苯，(mg/m^3)	氨，(mg/m^3)	TVOC，(mg/m^3)	评定
1							
2							
3							
4							
5							
6							
7							
8							
9							
10							
11							

注：标准限量依据 GB 50325—2001《民用建筑工程室内环境污染控制规范》中对Ⅰ类民用建筑工程室内环境污染物浓度限量的规定，除氡外均以同步测定的室外空气相应值为空白值。

二、装饰装修工程性能检测评价

1. 检测资料汇总。装饰装修工程性能检测所依据的资料，包括检验项目的检查结果，检测报告等，列出明细表，以便核验复查。必要时可将一些专用汇总表附在评价表后，对一些质量验收资料中的表格，可列出资料名称及编号，注明表格存放的地方即可。装饰装修工程性能检测汇总表为表 7-1、7-2、7-4。

2. 装饰装修工程性能检测评价。将表 7-1、7-2、7-4 中检测结果填入装饰装修工程性能检测评价表，见表 7-5，按照标准第 3.5.1 条的规定，计算各项评价得分，按表 7-5 求得检测评分。

表 7-5

装饰装修工程性能检测评分表

工程名称		施工阶段		检查日期		年 月 日	
施工单位				评价单位			
序号	检查项目		应得分	判定结果		实得分	备注
				100%	70%		
1	外窗传热性能及建筑节能检测(设计有要求时)		30				
2	幕墙工程与主体结构连接的预埋件及金属框架的连接检测		20				
3	外墙块材镶贴的粘结强度检测		20				
4	室内环境质量检测		30				
检查结果	权重值 20 分。 应得分合计： 实得分合计： 装饰装修工程性能检测评分＝$\frac{实得分}{应得分}\times 20=$ 评价人员： 年 月 日						

第二节 装饰装修工程质量记录

一、装饰装修工程质量记录检查项目

1. 装饰装修工程材料出厂合格证及进场验收记录

装饰装修工程材料品种繁多，很难将工程中使用的材料名称、种类、品种、规格说完善。在评价中要抓住量大面广、影响使用功能和安全的材料。评价将材料分为三大方面：一是一般量大面广的装饰材料和有保温要求的材料；二是幕墙材料、门窗；三是有环保质量要求的材料。

（1）装饰装修、保温材料合格证、进场验收记录。一般量大面广的装饰装修材料。包括墙面、地面、顶棚、隔墙用材料。主要有抹灰砂浆、吊顶龙骨、轻质隔墙板、隔墙龙骨、涂料、以及墙纸（布）等软包材料，饰面板、人造板、石膏板、胶合板、金属板、饰

面砖、地面材料、整体面层材料，板块面层材料(地面砖、大理石、预制板块、塑料板块、地毯等)、木、竹板地板，还有保温材料等。材料主要是产品合格证，进场要对其质量情况进行检查，形成进场验收记录。大理石设计要求环保检测的，设计要求保温材料保温性能检测的，应进行抽样检测，并出具检测报告，其性能达到设计要求。出厂合格证、进场验收记录、抽样复试检测报告，为材料的主要质量记录，是保证装饰装修工程使用的材料是合格的主要措施。

(2) 幕墙的玻璃、石材、板材、金属框架的立柱、横梁、结构胶等结构材料出厂合格证及进场验收记录，门窗及幕墙抗风压、水密性、气密性、结构胶相容性试验报告。

(3) 有环境质量要求材料的出厂合格证、进场验收记录及复试报告。设计及有关规定要求，进行环境质量检测的装饰装修材料，应按规定有环境质量检测报告。如大理石的放射性检测。

2. 施工记录

(1) 重要工序的施工记录。装饰装修工程的施工记录较多，但有些表面装饰的工程不一定强调专门的记录，但有些有影响安全的项目还是要求要有专门的施工记录。如吊顶、轻质隔墙的预埋件的牢固、数量、位置，吊筋的固定，预埋件与龙骨的连接；门窗预埋件埋置牢固性，与门窗框连接及防腐处理；外墙饰面板、幕墙的预埋件，幕墙的吊挂、夹具与幕墙框架连接、保温隔断措施、幕墙防雷措施及变形缝处理；各种护栏的预埋件，抹灰工程的基层处理、加强网设置等，都应在施工过程中，将有关施工的环境，工程进行的情况等给予记录，作为保证工程质量的佐证资料。

(2) 节能工程施工记录。在装饰装修工程中的节能项目，由设计单位提出项目及要求，其中项目也比较多，但目前有具体要求的项目主要是外墙外保温或内保温层的施工。凡工程中出现这些项目及设计中要求有保温要求的项目，要将保温材料质量情况、施工环境、固定情况及保温层厚度、表面防水层及防护处理等给予详细记录，以说明保温工程的情况。

(3) 检验批、分项、分部(子分部)工程质量验收记录，这项是按"工程质量验收规范"的规定，由施工单位、监理单位按要求进行正常的工程质量验收,将质量验收表格分别进行登记。

二、装饰装修工程质量记录检查评价

装饰装修工程质量记录,可将施工单位自检评定合格,监理单位审查认可的分部(子分部)工程的资料进行检查评价,为方便检查,可用辅助表进行登记检查,见表7-6。经过对有关资料的数量和资料质量进行逐项检查后,再按标准第3.5.2条规定进行判定,其判定结果填入装饰装修工程质量记录评分表,进行统计评分,见表7-7。

装饰装修工程质量记录资料汇总表　　　　表7-6

序号	资料项目名称	资料分数及编号	判定情况
1. 材料出厂合格证及进场验收记录	墙面、隔墙顶棚材料出厂合格证及进场验收记录		
	地面材料出厂合格证及进场验收记录		
	保温材料合格证、进场验收记录及导热系数测试报告		
	幕墙材料出厂合格证及进场验收记录		
	有环境质量要求材料、环保项目检测报告		
2. 施工记录	吊顶、幕墙、外墙饰面板(砖)、预埋件及粘贴施工记录		
	节能项目施工记录		
	检验批		
	分项工程		
	分部(子分部)工程		
3. 施工试验	有防水要求房间地面蓄水试验记录		
	烟道、通风道通风试验记录		
	有关胶料配合比试验单		

汇总人:　　年　月　日

装饰装修工程质量记录评分表

表 7-7

工程名称		施工阶段		检查日期		年 月 日	
施工单位				评价单位			

序号	检查项目		应得分	判定结果			实得分	备注
				100%	85%	70%		
1	材料合证、进场验收记录	装饰装修、保温材料合格证、进场验收记录	10					
		幕墙的玻璃、石材、板材、结构材料合格证及进场验收记录,门窗及幕墙抗风压、水密性、气密性、结构胶相容性试验报告	10					
		有环境质量要求材料合格证、进场验收记录及复试报告	10					
2	施工记录	吊顶、幕墙、外墙饰面砖(板)预埋件及粘贴施工记录	15					
		节能工程施工记录	15					
		检验批、分项、分部(子分部)工程质量验收记录	10					
3	施工试验	有防水要求房间地面蓄水试验记录	10					
		烟道通风道通风试验记录	10					
		有关胶料配合比试验单	10					

检查结果	权重值 20 分。
	应得分合计:
	实得分合计:
	  装饰装修工程质量记录评分 = $\dfrac{实得分}{应得分} \times 20 =$
	
	        评价人员:
	          年 月 日							

第三节 装饰装修工程尺寸偏差及限值实测

一、装饰装修工程尺寸偏差及限值实测项目

装饰装修工程尺寸偏差及限值的实测项目相对其他工程来讲比较少,而且这些偏差及限值的项目多数看其总体效果,其重要性不能与其他工程相比,但为了控制装饰装修工程质量,有些项目是不可忽视的。统观装饰装修工程质量的整体,选择了下面这些项目来评价装饰装修工程尺寸偏差及限值实测项目,见表7-8。

装饰装修工程尺寸偏差及限值实测项目表　　表7-8

序号	子分部	检查项目		留缝限值、允许偏差(mm)	
				普通	高级
1	抹灰工程	立面垂直度		4	3
		表面平整度		4	3
2	门窗工程	门窗框正、侧面垂直度		2	1
3	幕墙工程	幕墙垂直度	幕墙高度≤30m	10	
			30m＜幕墙高度≤60m	15	
			60m＜幕墙高度≤90m	20	
			幕墙高度＞90m	25	
4	地面工程	整体地面	表面平整度	4	2
		板块地面	表面平整度	4	1

二、数据汇总评价

装饰装修工程尺寸偏差及限值的实测数据,主要来源于通过施工单位自检评定,监理单位审查认可的工程质量验收资料,将其资料按规定进行摘录,必要时也可实地抽测一部分,目的也是验证性的。在有关分项工程中随机抽取需要的10个检验批,不足10个的全部抽取,将其中的有关数据进行摘录,用推荐的辅助表格进行汇

总、分析计算。装饰装修工程实测数据汇总辅助表，见表7-9。

装饰装修工程实测数据汇总表 表7-9

序号	尺寸偏差及限值项目		尺寸偏差及限值实测数值			数据分析
1	抹灰工程	立面垂直度4(3)mm				
		表面平整度4(3)mm				
2	门窗框正侧面垂直度2(1)mm					
3	幕墙垂直度 高度≤30mm≤10mm 高度<30mm≤60mm≤15mm 高度<60mm≤90mm≤20mm 高度>90mm≤25mm					
4	地面工程	整体地面表面平整度4(2)mm				
		板块地面表面平整度				

汇总人：　　年　月　日

注：偏差及限值允许值分为普通工程及高级工程，（ ）内的数值为高级工程的允许值，遇到什么工程用什么数值。

装饰装修工程尺寸偏差及限值实测的检查按标准3.5.3条的规定逐项进行检查判定，进行统计评分。将判定结果填入装饰装修工程尺寸偏差及限值实测评分表，见表7-10。

装饰装修工程尺寸偏差及限值实测评分表 表7-10

工程名称		施工阶段		检查日期		年 月 日	
施工单位				评价单位			
序号	检查项目		应得分	判定结果			实得分	备注
				100%	85%	70%		
1	抹灰工程	立面垂直度、表面平整度	30					
2	门窗工程	门窗框正、侧面垂直度	20					

续表

工程名称		施工阶段		检查日期		年 月 日	
施工单位				评价单位			
序号	检查项目		应得分	判定结果		实得分	备注
				100%	85% 70%		
3	幕墙工程	幕墙垂直度	20				
4	地面工程	表面平整度	30				

检查结果：
权重值10分。
应得分合计：
实得分合计：

$$\text{装饰装修工程尺寸偏差及限值实测评分} = \frac{\text{实得分}}{\text{应得分}} \times 10 =$$

评价人员： 　　　　　　　　　　　年　月　日

第四节 装饰装修工程观感质量

一、装饰装修工程观感质量评价项目

建筑工程装饰装修工程观感质量是工程整体质量的总体评价，是整个工程质量重要部分、对工程设计效果、使用功能、工程安全的一个综合评价，是装饰装修工程中评价的重点。

由于装饰装修工程包括的内容很多，只将一些量大面广的项目列出来进行检查，列出的是一些大的项目名称，每个项目中细项目还应按"质量验收规范"的内容进行检查。其项目为：地面工程；抹灰工程；门窗工程；吊顶工程；轻质隔墙工程；饰面板（砖）工程；幕墙工程；涂饰工程；裱糊与软包工程；细部工程；外檐观感工程；室内观感工程。

二、装饰装修工程质量检查标准

根据《建筑装饰装修工程质量验收规范》GB 50210—2001和《建筑地面工程施工质量验收规范》GB 50209—2002的有关规定，

摘录以供参考。

1. 地面工程包括混凝土、水泥砂浆、水磨石等整体地面工程；地面砖、什锦地面砖、预制块、大理石等板块铺贴地面工程；实木地板、复合地板、竹地板等木竹地板等。

（1）整体地面：材料及做法符合设计要求，面层与基层、面层与下层结合牢固，表面无空鼓、裂纹、麻面、起砂，颜色一致，无污染；有坡度要求的坡度符合设计要求，无倒泛水和积水现象；有分格的应分格尺寸适宜、缝大小一致、缝格顺直整齐；水磨石面层表面光滑、石粒密实均匀、颜色图案一致、分格条顺直、牢固、清晰。不同材料交接处整齐有措施，楼梯踏步宽度、高度符合设计要求，宽、高度一致、高差小于10mm，齿角整齐，防滑条顺直。踢脚线高度、出墙厚度适宜一致、上口顺直。

（2）板块地面：材料及做法符合设计要求，材料布局合理讲究，板块与基层（找平层）结合牢固、无空鼓；表面清洁、图案清晰、色泽一致、接缝平整、缝格深浅一致、顺直，板块无裂纹、缺棱掉角等缺陷；面层邻接处镶边材料符合要求，边角整齐光滑；有排水坡度要求的地面坡度应符合设计要求，无倒泛水和积水现象；楼梯踏步、台阶铺贴一致、缝隙宽度一致、齿角整齐、踏步宽度、高度一致，高差小于10mm；踢脚线洁净，高度及出墙厚度适宜一致、结合牢固，上口顺直。

（3）木、竹地面：实木地板和复合地板材质及含水率符合设计要求，应有防蛀、防腐处理，铺设牢固、无松动；图案清晰，接缝紧密，颜色协调一致，拼花地面接缝规律整齐、缝隙均匀一致、表面清洁、无溢胶；踢脚线接缝严密、高度一致、钉结牢固。

2. 抹灰工程包括一般抹灰（石灰砂浆、水泥砂浆、水泥混合砂浆、聚合物水泥砂浆等），装饰抹灰（水刷石、干粘石、斩段石、段面砖等）工程。一般抹灰、抹灰层与基层之间及各抹灰层之间必须粘结牢固、无脱层、空鼓、面层无爆灰、裂缝等；抹灰面层表面光滑、洁净、接槎平整、分格缝清晰、整齐、宽度深度一致；护角、孔洞、槽盒周围抹灰表面整齐、光滑，管道后抹灰平整；分格缝的设置符合设计要求，深度、宽度均匀、表面光滑、棱角整齐；有排水要求的抹面做滴水线（槽），滴水线（槽）整齐顺直，滴水槽的深度、宽度不小于10mm。

装饰抹灰除满足一般抹灰要求外，表面质量符合要求。

水刷石表面石粒清晰、分布均匀、紧密平整、色泽一致，无掉粒和接槎痕迹。

干粘石表面色泽一致、不露浆、不漏粘，石粒粘结牢固，分布均匀，阴阳角处无明显黑边。

斩段石表面剁纹均匀顺直、深浅一致、无漏剁处，阳角处横剁并留出宽窄一致的不剁边条，棱角无损坏。

段面砖表面平整、沟纹清晰、留缝整齐、色泽一致、无掉角、脱皮、起砂等缺陷。

3. 门窗工程包括木门窗、金属门窗、塑料门窗、特种门窗及门窗玻璃安装等。门窗进场应做好进场验收记录，品种、规格、材质等应符合设计要求。木门窗人造板的甲醛含量、外墙窗的抗风压性能、空气渗透和雨水渗漏性能应有测试资料，其试验结果符合设计要求。对固定门窗框的预埋件、锚固件和隐蔽部位的防腐处理，缝隙填嵌处理应有隐蔽工程检查验收记录，其检查内容应符合设计要求。

门窗的品种、规格、开启方向、安装位置及连接方式符合设计要求。门窗框必须安装牢固，门窗扇安装必须牢固、开关灵活、关闭严密。门窗配件的型号、规格、数量、位置正确满足使用功能及使用方便。门窗玻璃安装，包括平板、吸热、反射、中空、夹层、夹丝、磨砂、钢化、压花、镀膜等品种玻璃安装。玻璃品种、规格、尺寸、色彩、图案涂膜朝向符合设计要求，单块玻璃大于 1.5m^2 时应使用安全玻璃。安装牢固，密封条、密封胶与玻璃及槽口接触紧密、粘结牢固、平整美观。玻璃表面洁净、无污染，中空玻璃内不得有灰尘和蒸气，玻璃不应直接接触型材，单面镀膜面及磨砂面应朝向室内等。门窗表面洁净。木门窗表面不得有创痕、锤印、割角拼缝严密平整，槽孔边缘整齐、披水、盖口条、压缝条、密封条安装顺直、牢固、严密；金属、塑料门窗表面平整、光滑、色泽一致、无锈蚀，漆膜、保护层应连续、无划痕、碰伤，密封胶表面光滑、顺直、无裂纹，密封条完好、严密。特种门窗安装应符合设计要求。

4. 吊顶包括暗龙骨吊顶、明龙骨吊顶等。吊顶龙骨材料的品种、壁厚、人造木板的甲醛含量应复验符合设计要求；吊顶内管道、设备水压试验、防火处理、预埋件、吊杆、龙骨的安装、填充材料设置都事前检查做出隐蔽验收记录。

龙骨的吊杆、龙骨安装应牢固、标高、尺寸、起拱和造型符合设计要求；饰面材料的材质、品种、规格、图案和颜色符合设计要求。面层板接缝应错开，板缝的防裂处理符合要求。

饰面材料表面应洁净、色泽一致，不得有翘曲、裂缝、缺损，压条平直宽窄一致。饰面板上的灯具、烟感器、喷淋头、风口篦子等位置合理、美观，与饰面板交接吻合、严密；吊顶内的填充吸声保温材料的品种、铺设厚度符合设计要求。

5. 轻质隔墙包括板材隔墙、骨架隔墙、活动隔墙及玻璃隔墙。活动隔墙的轨道安装应符合设计要求，安装牢固，推拉安全、平稳、灵活。其余质量要求同吊顶。

6. 饰面板(砖)包括饰面板安装(内墙饰面板及外墙不高于 24m 高度饰面板安装)、饰面砖粘贴(内墙及外墙不大于 100m 高度的饰面砖粘贴)等。饰面板安装的预埋件(后置埋件)、连接件的数量、规格、位置、连接方式和防腐处理应符合设计要求，饰面板的品种、规格、颜色和性能以及饰面板孔、槽的位置、数量及尺寸符合设计要求。饰面板表面平整、洁净、色泽一致，无裂痕和缺损，石材表面无泛碱污染等。饰面板嵌缝密实、平直、宽度和深度符合设计要求。饰面板孔、槽数量、位置、尺寸符合设计要求，板面上的孔洞应套割吻合，边缘整齐。

饰面砖粘贴，饰面砖的品种、规格、图案、颜色、性能和粘贴方法符合设计要求，饰面砖粘贴必须牢固，满铺法应无空鼓、裂缝。饰面砖表面平整、洁净、色泽一致，无裂缝和缺损，阴阳角处搭接方式，非整砖使用部位合理讲究。墙面突出物周围应整砖套割吻合，边缘整齐。墙裙、贴脸突出墙面的厚度应适宜一致。饰面砖接缝平直、光滑，嵌填连接、密实，宽度和深度应符合设计要求、光滑一致。有排水要求的部位滴水线（槽）顺直，坡向正确、坡度有效。

7. 幕墙包括玻璃幕墙、金属幕墙、石材幕墙等。幕墙用各种材料、构件、组件，玻璃幕墙的玻璃、金属幕墙的金属板、石材质量，以及铝复合板的剥离强度、石材弯曲强度及室内用放射性试验，玻璃幕墙结构胶相容性试验及粘结强度试验等应符合设计要求。幕墙与主体结构连接各种预埋件、连接件、紧固件必须牢固，其数量、规格、位置、连接方法和防腐处理应符合设计要求。

玻璃与金属框架连接应牢固可靠，各节点、变形缝、墙角连接点应符合设计及标准规定，结构胶、密封胶打注饱满、密实、连续、均匀、无气泡，宽度和厚度符合设计要求，开启窗配件齐全、安装牢固、开启角度正确、开启灵活、关闭严密。防雷装置必须与主体可靠连接。玻璃幕墙表面平整、洁净、色泽均匀一致，无污染及镀膜损坏。密封胶粘结牢固、横平竖直、深浅一致、宽窄均匀，光滑顺直。防火、保温材料填充饱满、均匀、表面密实、平整。幕墙表面整齐美观。

8. 涂饰工程包括涂饰在各种基层面上的水性涂料涂饰、溶剂性涂料涂饰、美术涂饰等，涂饰的基层处理应做好清除、封闭、界面剂等，基层腻子平整、坚实、牢固、无粉化、起皮及裂缝，室内腻子符合《建筑室内腻子》的要求，厨房、卫生间用防水腻水。涂料的品种、型号性能符合设计要求，颜色、图案符合设计要求，涂饰均匀、粘结牢固、无漏涂、透底、起皮、掉粉和反锈，涂饰层颜色均匀一致，无泛碱、咬色、流坠疙瘩、砂眼、刷纹、裹楞，装饰线、分色线顺直，偏差不大于 2mm。美术涂饰的图案、套色、花纹符合设计要求；套色涂饰图案不移位、纹理和轮廓清晰。

9. 裱糊与软包包括各种壁纸、墙布的裱糊和墙面、门的软包。基层做好清理、封闭处理，壁纸、墙布的种类、规格、图案、颜色和燃烧性能等级符合设计要求。壁纸、墙布裱糊后粘贴牢固、不得脱层、空鼓、翘边，各幅拼接横平顺直、拼接处花纹、图案吻合，不离缝、不搭接、不显拼缝。纸布表面色泽一致、无波纹、气泡、皱折、斑点和胶痕。壁纸压花压痕、发泡层无损坏，纸布与各种装饰线、设备线盒交接严密，纸布边缘平直整齐，无纸毛、飞刺、搭接顺光，阳角处无接缝。

软包工程的面料、内衬材料及边框材质、颜色、图案、燃烧性能等级和木材含水率符合设计及规范要求，软包的安装位置、构造做法符合设计要求。软包的龙骨、衬板、边框安装牢固无翘曲、拼缝顺直。单块包面料无接缝、四周绷压严密松紧一致。表面平整、洁净、图案清晰、无皱折、凹凸不平，美观协调。软包边框平整、顺直、接缝吻合，油漆涂料符合要求，木质边框颜色、木纹协调一致。

10. 细部工程包括橱柜、窗台板、散热器罩、门窗套、护栏和扶手及各种花饰制作和安装。所用材料的材质、规格、木材的燃烧性能等级和含水率、花岗石的放射性、人造木板的甲醛含量符合设计和规范要求。各种细部制作的成品、半成品的规格、造型、尺寸等经过验收符合设计要求，安装的预埋件（后置件）的数量、规格、位置符合设计要求，配件齐全，安装牢固。

橱柜、抽屉、框门等开关灵活，回位正确。表面平整、洁净、色泽一致，无裂缝、翘曲及损坏，裁口顺直，拼缝严密。

窗帘盒、窗台板、散热器罩等与墙面、窗框衔接严密，密封胶顺直、光滑。

护栏高度、栏杆间距，安装位置必须符合设计要求，安装牢固，护栏玻璃为12mm厚的钢化玻璃或钢化夹层玻璃；扶手转角弧度符合设计要求，接缝严密、表面光滑，色泽一致，无裂缝、翘曲及损坏。

花饰包括混凝土、石材、木材、塑料、金属、玻璃、石膏等制作材料制作的花饰，材料及式样符合设计要求，安装位置、固定方法符合设计要求，安装必须牢固，表面洁净、色泽协调、拼缝严密、吻合、无歪料、裂缝、翘曲等。

11. 外檐观感是一个综合性全面宏观的检查，包括墙面（各种面层材料的表面）、大角、墙面上的横竖线（角），各种花饰及滴水线（槽）外门窗、散水、台阶、雨罩、变形缝水落管、泛水等。本身质量及交接处过渡，能有机的形成一个整体，检查其整体性、协调性及体现设计意图的效果性。其质量要求，按各项专项内容的要求和交接部位的处理宏观全面检查，综合评价。

12. 室内观感是一个房间内的综合性、全面的宏观检查，包括各种材料的顶棚、墙面、地面、门窗及室内有关花饰细部，以及楼梯踏步、厨卫间的设施等，其间协调、色泽的匹配性、设施的适用性及舒适性等，使用功能及效果体现设计的意图等。其质量要求按各专项内容的要求和交接部位的处理，宏观全面检查，综合评价。

各项达到上述要求的为好的点；表面或细部稍有缺陷的为一般点；凡出现表面缺陷较重，或轻微缺陷较多的为差的点。

检查评价中，要抓住量大面广的项目，对一些小的项目，对观感质量影响不大的，可适当放宽些，但对影响使用安全、功能、环保要求的项目要严格掌握，不能放宽。

检查过程可借助表进行记录，装饰装修工程观感质量检查辅助表见表 7-11。

装饰装修工程观感质量检查辅助表　　　　表 7-11

| 序号 | 检查项目 | 检查点检查结果 | | | 检查资料依据 | | 检查结果 |
		检查点数	好的点数	一般的点数	差的点数	分部(子分部)验收记录	现场检查记录	
1	地　面							
2	抹　灰							
3	门　窗							
4	吊　顶							
5	轻质隔墙							
6	饰面板(砖)							
7	幕　墙							
8	涂饰工程							
9	裱糊与轻色							
10	细部工程							
11	外檐观感							
12	室内观感							

汇总人：　　　年　月　日

三、装饰装修工程观感质量评价

装饰装修工程根据设计要求和规范规定,按检查点的情况,按照上述检查标准,分别评出好、一般、差点的质量等级,将点的数量填入装饰装修工程观感质量检查辅助表,见表7-12。再按标准第3.5.4条的规定,评出一、二、三档来,填入装饰装修工程观感质量评分表,进行统计评分,见表7-12。

装饰装修工程观感质量评分表　　表7-12

工程名称		施工阶段		检查日期			年　月　日	
施工单位				评价单位				
序号	检查项目		应得分	判定结果			实得分	备注
				100%	85%	70%		
1	地面	表面、分格缝、图案、有排水要求的地面的坡度	10					
2	抹灰	表面、护角、阴阳角、分隔缝、滴水线	10					
3	门窗	固定、配件、位置、构造、密封等	10					
4	吊顶	图案、颜色、灯具设备安装位置、交接缝处理、吊杆龙骨外观	5					
5	轻质隔墙	位置、墙面平整、连接件、接缝处理	5					
6	饰面板(砖)	表面质量、排砖、勾缝嵌缝、细部	10					
7	幕墙	主要构件外观、节点做法、打胶、配件、开启密闭	10					
8	涂饰工程	分色规矩、色泽协调	5					
9	裱糊与软包	端正、边框、拼角、接缝	5					
10	细部工程	柜、盒、护罩、栏杆、花式等安装、固定和表面质量	5					

续表

工程名称		施工阶段			检查日期	年 月 日	
施工单位					评价单位		
序号	检查项目		应得分	判定结果		实得分	备注
				100%	85%	70%		
11	外檐观感	室外墙面、大角、墙面横竖线(角)及滴水槽(线)、散水、台阶、雨罩、变形缝和泛水等	15					
12	室内观感	面砖、涂料、饰物、线条及不同做法的交接过渡	10					
检查结果	权重值40分。 应得分合计： 实得分合计： 装饰装修工程观感质量评分＝$\dfrac{实得分}{应得分}\times 40=$ 评价人员： 年 月 日							

第八章 安装工程质量评价

第一节 建筑给水排水及采暖工程质量评价

一、建筑给水排水及采暖工程性能检测

建筑给水排水及采暖工程主要性能包括生活水水质检测、承压管道及设备水压试验、非承压管道和设备灌水试验及排水干管管道通球与通水试验、消防栓系统试射试验，以及采暖系统调试、试运行、安全阀、报警装置联动系统测试等，这些项目是保证给水排水系统、消防栓系统和采暖系统的正常使用功能和使用安全的基本要求，是必须达到设计及规范要求的项目。

建筑给水排水及采暖工程性能检测项目

1. 生活给水系统管道交用前水质检测

生活给水管道的水质检测不是代替水源水质的检测，而是在生活给水管道系统材料合格的基础上，检测在管道安装过程中，也包括对管道管材本身选材不当造成的管道污染水质的问题，检测项目也主要检查施工原因清洗不彻底使水质受到影响，经管道消毒、清洗后可请有关部门取样检测，有关指标达到《生活净水水质标准》的规定，以保证饮用水安全。《城市供水水质标准》(CJ/T 206—2005)有感官性状和一般化学指标、毒理学指标、细菌学指标、放射性指标等4大类42项指标。供水管道经清洗后取样检测应符合《生活净水水质量标准》(CJ 94—2005)的规定，见表8-1。

2. 承压管道、设备水压试验

管道及设备承压试验包括强度和严密性试验，是给水排水安装工程质量评价的否决项目，其检测结果必须达到设计要求，评为一档。在管道安装完成后进入下一道工序前或交付使用时试

压，对不同管道的试验压力除设计有明确要求外，规范也做了明确规定，其具体规定见表8-2。这是保证管道及设备使用功能和安全的首要条件，否则会造成事故等，管道设备强度试验记录，见表8-3。

生活净水水质检测表　　　　　表8-1

	项目	标准	检测值
感官性状	色	色度不超过15度，并不得呈现其他异色	
	浑浊度	不超过3度，特殊情况不超过5度	
	臭和味	不得有异臭、异味	
	肉眼可见物	不得含有	
一般化学指标	pH	6.5～8.5	
	总硬度（以碳酸钙计）	450mg/L	
	铁	0.3mg/L	
	锰	0.1mg/L	
	铜	1.0mg/L	
	锌	1.0mg/L	
	挥发酚类（以苯酚计）	0.002mg/L	
	阴离子合成洗涤剂	0.3mg/L	
	硫酸盐	250mg/L	
	氯化物	250mg/L	
	溶解性总固体	1000mg/L	
细菌学指标	细菌总数	100个/mL	
	总大肠菌群	3个/L	
	游离余氯	在与水接触30min后应不低于0.3mg/L。集中式给水除出厂水符合上述要求外，管网末梢水不应低于0.05mg/L	
检测结果			

检测单位：　　批准人：　　审核人：　　检测人：　　年　月　日

承压管道设备试验压力参考表　　　　表 8-2

序号	项目	试验压力规定	合格判定标准
1	室内给水管道	工作压力的 1.5 倍，且不小于 0.6MPa	系统试验压力下 10min，压力降不大于 0.2MPa，然后降至工作压力，不渗不漏；塑料管在试验压力下 1h，压力降不小于 0.05MPa，1.15 倍压力下 2h，压力降不大于 0.02MPa，连接处不渗不漏
2	热水供应系统	为系统顶点工作压力加 0.1MPa，同时在顶点压力不小于 0.3MPa	
3	太阳能热水器排管热交换器	工作压力的 1.5 倍，蒸汽部分不应低于蒸汽压力的 0.3MPa，热水部分不小于 0.4MPa	
4	采暖系统散热器组，金属辐射板安装前	工作压力的 1.5 倍，且不小于 0.6MPa	2～3min，压力不降，不渗不漏
5	低温热水地板辐射采暖地下盘管隐蔽前		稳压 1h 内，压力降不大于 0.05MPa，且不渗不漏
6	蒸汽、热水系统安装完系统试压	顶点工作压力加不小于 0.1MPa，同时顶点工作压力不小于 0.3MPa	试验压力下 10min 内压力降不大于 0.02MPa，降至工作压力不渗不漏
	高温热水采暖系统	顶点工作压力加 0.4MPa	
	复合管的热水采暖系统	顶点工作压力加 0.2MPa，同时顶点试验压力不小于 0.4MPa	
	塑料管热水采暖系统		试验压力下 1h 内压力降不大于 0.05MPa，然后降至工作压力 1.15 倍，2h 压力降不大于 0.03MPa，各接头处不渗不漏
7	敞口水箱和密闭水箱	满水、压力试验在试验压力下	满水静置 24h 不渗不漏，压力试验保持 10min 不渗不漏
8	连接锅炉及辅助设备的工艺管道	工作压力 1.5 倍	试验压力下 10min，压力降不大于 0.05MPa，工作压力下，不渗不漏

设计对试验压力有要求时，按设计试验压力试压。

管道(设备)强度(严密性)试验记录表

工程名称: 表8-3

施工单位			子分部工程名称		
分项工程名称			施工图号		
管道材质			工作压力(MPa)		
执行的规范编号及条款			试验介质		
试验仪器型号、精度		施工日期		试验日期	
部位	压力	规定值(MPa)	稳压时间(min)	压力降(MPa)	试验情况
	试验压力				
	工作压力				
	试验压力				
	工作压力				
	试验压力				
	工作压力				

说明:

试验结果:

监理(建设)单位:	施工单位:
	安装项目技术负责人:
专业监理工程师:	施工员:
(建设单位(项目)负责人):	
	质检员:
年 月 日	年 月 日

本试验由施工单位试验,监理单位参加。

3.非承压管道和设备灌水试验及排水干管通球、通水试验。

排水管道、卫生器具灌水、通水试验。包括室内排水管道、室内雨水管道及各种卫生器具的灌水试验,排水、雨水管在通水时,或发生堵塞时，管道会有一定压力，卫生器具在盛水时也有一定压力，要保证不渗漏水，在管道安装完毕及卫生器具安装完毕，接口达到一定强度，或隐蔽前必须灌水试验。

满水高度应不低于管道及卫生器具上边缘，保持15min水面下降后，再灌满水5min，液面不降，接口处无渗漏，排水畅通为合格。试验记录用附表排水管道灌水、通水试验记录，见表8-4；卫生器具满水、通水试验记录，见表8-5。排水干管为预防管道内掉进杂物等，交付使用前必须进行通球试验，用不小于管道直径2/3的球，能在管道内顺利通过即为合格，管道通球试验记录，见表8-6。

4. 消防栓系统试射试验。

室内消火栓系统安装完毕后应取屋顶层（或水箱间内）和首层两处共三处消火栓做试射试验，试验水枪有效，顶层的水流量和压力达到设计要求为合格；首层的两处消火栓两股充实水柱可同时达到消火栓应达到最远点的能力为合格。消火栓系统试射试验记录，见表8-7。

5. 采暖系统调试、试运行、安全阀、报警装置联动系统测试。

采暖系统主要是在北方地区多用，但由于其使用功能要求，以及安全性能的要求，保证工作人员安全，系统安装完成后的调试、测试十分重要。

锅炉的烘炉、煮炉、试运行是保证采暖系统正常运行的措施，在锅炉启用时应进行烘炉，火焰不应直接烧烤炉墙及炉拱，烘炉不少于4d缓慢升温，后期烟温不高于160℃，且持续时间不少于24h，烘炉链条炉排应定期转动，烘炉中、后期根据锅炉水质情况排污。烘炉后炉墙没变形、裂纹及坍落现象，炉墙砌筑砂浆含水量达到7%以下为合格。试运行记录见表8-8。

锅炉在烘炉、煮炉合格后，应进行48h的带负荷连续试运行，同时将安全阀的热状态进行检验和调整，在全过程反复调试，符合设计或锅炉使用说明书为止，运行调试记录，见表8-9。

锅炉和省煤器安全的定压和调整，锅炉的高、低水位报警器或超温、超压报警器及联锁保护装置，必须按设计要求安装齐全和有效。经过定压、调整达到设计要求的压力、水位、温度的控制范围，超过控制范围则自动报警为合格，调整联动试验记录，见表8-10。

二、建筑给水排水及采暖工程性能检测评价

在对有关资料审查后,将其检查结果,按标准 3.5.1 条的规定判定质量档次,将其填入建筑给水排水及采暖工程性能检测评分表,进行计算评分,见表 8-11。

排水管道灌水(通水)试验记录

工程名称: 表 8-4

施工单位		子分部工程名称	
分项工程名称		施工图号	
管道材质		施工日期	
执行的规范编号及条款		试验日期	

试验部位	材 质	规 格	长度(m)	试验结论

试验方法	
试验标准	
达到数据	
标准依据	

试验结果:

监理(建设)单位:	施工单位:
专业监理工程师: (建设单位(项目)负责人):	安装项目技术负责人: 施工员: 质检员:
年 月 日	年 月 日

由施工单位试验,监理单位参加。

卫生器具满水、通水试验记录

工程名称: 表 8-5

施工单位		子分部工程名称	
分项工程名称		卫生器具名称	
施工图号		施工日期	
执行的规范编号及条款		试验日期	

试验项目名称	盛水时间(h)	盛水量	数量	试验情况	试验结果
大便槽					
小便槽					
倒水池					
水 盘					
拖布池					
冲洗水箱					
洗脸盆					
化验盆					
浴 缸					
洗手槽					

说明：

试验结果：

监理(建设)单位：	施工单位：
专业监理工程师： (建设单位(项目)负责人)：	安装项目技术负责人： 施工员： 质检员：
年 月 日	年 月 日

由施工单位试验，监理单位参加。

排水管道通球试验记录

表8-6

工程名称：

施工单位		子分部工程名称	
分项工程名称		施工图号	
管道材质		施工日期	
执行的规范编号及条款		试验日期	

部位	管径(mm)	球径(mm)	通球试验情况

通球试验数　　　管数　　　顺利通球数　　　管数　　　通球率　　　%

试验结果：

监理(建设)单位：	施工单位：
	安装项目技术负责人：
专业监理工程师：	
(建设单位(项目)负责人)：	施工员：
	质检员：
年 月 日	年 月 日

由施工单位试验，监理单位参加。

室内消火栓试射试验记录

表 8-7

工程名称：

施工单位		子分部工程名称		栓口安装	
消火栓位置		启泵按钮		栓口水枪型号	
执行规范编号及条款		试验日期		栓口压力(MPa)	

试射试验过程：

试验结果：

监理(建设)单位：	施工单位：
专业监理工程师：	安装项目技术负责人：
(建设单位(项目)负责人)：	施工员：
	质检员：
年 月 日	年 月 日

由施工单位试射、监理单位参加，必要时可请消防部门参加。

锅炉烘炉、煮炉和试运行记录

工程名称： 表8-8

施工单位		分部工程名称	
监理单位		项目经理	
施工执行标准名称及编号		试验日期	
试验仪器型号及精度			
锅炉型号规格		生产厂家	
烘炉过程			
烘炉结果			
煮炉过程			
煮炉结果			
试运行过程			
试运行结果			

监理(建设)单位：	施工单位：
	安装项目技术负责人：
专业监理工程师：	
(建设单位(项目)负责人)：	施工员：
	质检员：
年 月 日	年 月 日

由安装单位进行，监理单位参加。

采暖系统试运行调试记录

工程名称: 表 8-9

施工单位		分部工程名称	
监理单位		项目经理	
施工执行标准名称及编号		总监理工程师	
试验仪器型号及精度		设计温度		试验日期	

调试过程	
调试结果	

| 监理(建设)单位:

专业监理工程师:
(建设单位(项目)负责人):

年 月 日 | 施工单位:

安装项目技术负责人:

施工员:

质检员:

年 月 日 |

由安装单位进行,监理单位参加。

锅炉报警及联锁保护装置试验记录

工程名称: 表 8-10

施工单位		分部工程名称	
监理单位		项目经理	
施工执行标准名称及编号		试验日期	
锅炉型号		生产厂家	

试验内容	试验结果
水位过低报警	
水位过高报警	
极限过低水位保护	
蒸汽超压指示报警和保护	
蒸汽温度过高指示报警	
蒸汽温度过低指示报警	
炉排事故停转报警	
试验结果	

监理(建设)单位:	施工单位:
	安装项目技术负责人:
专业监理工程师:	
(建设单位(项目)负责人):	施工员:
	质检员:
年 月 日	年 月 日

由安装单位进行,监理单位参加。

建筑给水排水及采暖工程性能检测评分表　　　　表 8-11

工程名称			施工阶段		检查日期		年 月 日
施工单位				评价单位			

序号	检查项目	应得分	判定结果 100%	判定结果 70%	实得分	备注
1	生活给水系统管道交用前水质检测	10				
2	承压管道、设备系统水压试验	30				
3	非承压管道和设备灌水试验、排水干管管道通球、通水试验	30				
4	消火栓系统试射试验	20				
5	采暖系统调试、试运行、安全阀、报警装置联动系统测试	10				

检查结果	权重值30分。 应得分合计： 实得分合计： 　　建筑给水排水及采暖工程性能检测评分＝$\frac{实得分}{应得分}×30=$ 　　评价人员： 　　　　　　　　　　　　　　　　　　　　　　　年 月 日

三、建筑给水排水及采暖工程质量记录

（一）建筑给水排水及采暖工程质量记录项目

1. 建筑给水排水出厂合格证及进场验收记录

建筑给水排水材料设备主要包括供水管材及配件，排水管材及配件、卫生器具、供暖的配套设备等。主要是检查其出厂合格证，进场验收形成验收记录。其检查辅助资料汇总表见表 8-12。

2. 施工记录

建筑给水排水及采暖工程中的施工记录，主要是主要管道及管道穿墙、穿楼板套管的安装施工记录、采暖工程补偿器拉伸记录、给水管道的冲洗、消毒记录、管井管沟内管道的隐蔽前的隐蔽验收

记录，以及工程质量检验批、分项、分部(子分部)工程质量验收记录表等。其检查辅助资料汇总表见表8-12。

3. 施工试验

建筑给水排水及采暖工程的施工试验，除了列入性能检测项目的外，主要内容是阀门等配件安装前的强度和严密性试验，给水系统及卫生器具交付使用前的满水通水试验，以及水泵安装的单车试运转等，其检查辅助资料汇总表见表8-12。

(二)质量记录资料汇总

检查经过施工单位自检评定合格，监理单位审查认可的有关质量记录名称数量填入检查辅助表8-12，按标准3.5.2条的规定，判出其评价结果，分别填入建筑给水排水及采暖工程质量记录评分表，进行统计评分，见表8-13。

建筑给水排水及采暖工程质量记录资料汇总表　　表8-12

序号	资料项目名称	份数及编号	判定内容	判定情况
1. 材料合格证及进场验收记录	给水管材及配件出厂合格证及进场验收记录			
	排水管材及配件出厂合格证及进场验收记录			
	卫生器具出厂合格证及进场验收记录			
	设备出厂合格及进场验收记录			
2. 施工记录	主要管道施工及管道穿墙穿楼板套管安装施工记录			
	补偿器预拉伸记录			
	给水管道冲洗消毒记录			
	隐蔽工程验收记录			
	检验批验收记录			
	分项工程验收记录			
	分部(子分部)工作验收记录			
3. 施工试验	阀门安装前强度和严密性试验			
	给水系统和卫生器具交付使用前通水、满水试验			
	水泵安装试运转			

汇总人：　　　　年　月　日

建筑给水排水及采暖工程质量记录评分表　　　表 8-13

工程名称		施工阶段		检查日期			年 月 日	
施工单位				评价单位				

序号	检查项目		应得分	判定结果			实得分	备注
				100%	85%	70%		
1	材料合格证、进场验收记录	材料及配件出厂合格证及进场验收记录	15					
		器具及设备出厂合格证及进场验收记录	15					
2	施工记录	主要管道施工及管道穿墙穿楼板套管安装施工记录	5					
		补偿器预拉伸记录	5					
		给水管道冲洗、消毒记录	10					
		隐蔽工程验收记录	10					
		检验批、分项、分部（子分部）工程质量验收记录	10					
3	施工试验	阀门安装前强度和严密性试验	10					
		给水系统及卫生器具交付使用前通水、满水试验	10					
		水泵安装试运转	10					

检查结果：

权重值 30 分。
应得分合计：
实得分合计：

建筑给水排水及采暖工程质量记录评分 = $\dfrac{实得分}{应得分} \times 30 =$

评价人员：

年 月 日

四、建筑给水排水及采暖工程尺寸偏差及限值实测

建筑给水排水及采暖工程尺寸偏差及限值实测项目有的是影响使用功能的，有的是影响美观的，本标准只将几项主要项目列为实

测项目，以代表建筑给水排水及采暖工程的施工精确度，这就是主要管道的坡度，箱式消火栓位置和卫生器具的安装高度。

（一）建筑给水排水及采暖工程尺寸偏差及限值实测项目

1. 给水、排水、采暖管道安装坡度。主要是保证管道内不存水和不倒流水，以及污水管道的稳流等。其坡度要求及实测值记录见表8-14。检查方法主要是核查施工单位和监理单位通过质量验收的检验批工程的验收记录，也可做少量的现场抽测，并做好记录，以便佐证验收表的掌握验收规范、标准的水平。

2. 箱式消火栓安装位置、高度及垂直度的要求。主要是美观可引起施工的重视，因多数箱式消火栓安装在楼梯口附近，是人员多的地方，同时，控制其高度对使用也方便，更重要的是引起对其安装的重视，必须符合设计要求。

3. 卫生器具安装高度。主要是美观，特别是成排安装的卫生器具，同时，在一定程序上也是使用功能的要求。

尺寸偏差及限值标准数值及实测值记录，见表8-14。

尺寸偏差及限值实测控制值及实测值记录　　　　表8-14

序号	实测项目控制值		尺寸偏差及限值实测值					数据分析
1	生活污水	铸铁管道坡度5‰～35‰						
		塑料管道坡度4‰～25‰						
	给水管道	2‰～5‰						
	采暖管道	汽水同向流动2‰～3‰						
		汽水逆向流动>5‰						
		热水器支管坡向排气、泄水方向1‰						
2	箱式消火栓	距地高差±20mm						
		垂直度3mm						
3	卫生器具安装高度	±15mm						
	淋浴器下沿高度	±15mm						
4	现场抽查项目							

汇总人：　　　　　　　　年　月　日

(二) 数据汇总评价

建筑给水排水及采暖工程尺寸偏差及限值实测的数据，主要是施工过程中，由施工企业自行检查评定合格，监理单位审核验收的工程质量验收资料中摘录的有关数据。必要时也可实地实测一部分，目的也是验证性的。其数据摘录，是随机抽取有关分项工程中的 10 个检验批工程，不足 10 个的全部抽取，将其中的有关数据摘录，用表 8-14 进行汇总。

将表 8-14 中的数据，按标准 3.5.3 条规定逐项进行判定，将判定结果填入建筑给水排水及采暖工程尺寸偏差及限值实测评分表，进行统计评分，见表 8-15。

建筑给水排水及采暖工程尺寸偏差及限值实测评分表　　表 8-15

工程名称		施工阶段			检查日期	年　月　日	
施工单位				评价单位			
序号	检查项目	应得分	判定结果			实得分	备注
			100%	85%	70%		
1	给水、排水、采暖管道坡度	50					
2	箱式消火栓安装位置	20					
3	卫生器具安装高度	30					
检查结果	权重值 10 分。 应得分合计： 实得分合计： 建筑给水排水及采暖工程尺寸偏差及限值实测评分 = $\dfrac{实得分}{应得分} \times 10 =$ 　　　　　评价人员： 　　　　　　　　　　　　　　　　　　　　　年　月　日						

五、建筑给水排水及采暖工程观感质量

(一) 建筑给水排水及采暖工程观感质量检查项目

安装工程的观感质量主要是对安装工程的一个全面质量检查，其中包括开关等能操纵的部位使用方便，开关灵活方便维修等。其检查内容是其全部的有关内容，故只将大的项目列出，管道及支架

安装，卫生器具及给水配件安装，设备及配件安装，管道、支架及设备的防腐保温，有排水要求的设备机房、房间地面的排水口及地漏等。

（二）建筑给水排水及采暖工程观感质量检查标准

1. 管道及支架安装。包括给水、排水及采暖系统的管道及支架，供水管道、热水及采暖管道及支架检查内容为：管道的横平竖直、坡度正确、标高、距墙的距离符合规范要求、接口的形式及质量、阀门开关便于操作及检修、与污水管道、热水管道的安装位置及距离适当、支、吊、托架安装牢固、端正、间距符合要求。

排水管道检查内容：管道的横平竖直、坡度正确、标高距墙的距离、接口的形式及质量、检查口方便使用、支、吊、托架安装牢固，固定在承重墙上，间距符合规范要求等。

2. 卫生器具及给水配件安装。卫生器具包括污水盆、洗涤盆、洗脸（手）盆、盥洗槽、浴盆、大便器、小便器及水箱、妇女卫生盆及化验盆等。卫生器具安装高度、位置符合设计要求、安装端正、牢固，其与连接件、排水栓连接牢固、接口严密、接口及地漏周边无渗漏，地漏水封高度不小于50mm。支、托架安装平整、牢固、与器具接触紧密、平稳、防腐良好。

卫生器具给水配件包括高低水箱角阀、截止阀、水嘴、淋浴器、软管淋浴器及挂钩等。其安装高度、位置适宜、接口严密、启闭部分灵活、使用方便。卫生器具排水配件完好。卫生器具与排水管连接的卫生器具的受水口和立管均应采取可靠的固定措施，管道与楼板的接合部位有牢固可靠的防渗、漏措施，连接卫生器具的排水管道的管径和坡度符合设计要求，接口紧密不渗漏，固定支架、管卡支撑位置正确、牢固，与管道的接触紧密。

3. 设备及配件安装。包括给水、采暖系统的设备及辅助设施及配件等。

给水设备有水泵、水箱等。水泵的坐标、标高、尺寸和螺栓位置、减振装置符合设计及设备说明书的要求，水箱的溢流管和泄放管的设置设在排水点附近，不得与排水管直接连接。

热水供应设备有太阳能集热器、热交换器、水泵、水箱等。水泵安装同前；集热器、热交换器、水箱等主要是安装位置、标高正确，泄水装置放在最低处。

采暖系统的散热器安装、金属辐射板安装，供热锅炉（工作压力不大于1.25MPa，热水温度不超过130℃的蒸汽和热水锅炉）、辅助设备及风机、水箱、分汽缸、水泵，以及安全附件锅炉及省煤器、水表、压力表，高低水位报警器，超温、超压报警器、锅炉安全阀安装等。安装位置符合要求，朝向及坡度正确，运转正常，在试压及运转过程不渗不漏，定压调整符合规范规定，报警等联动装置动作有效。

消防水泵接合器和消防火栓的安装位置标志明显、栓口位置方便操作。

4. 管道、支架及设备的防腐及保温。

建筑给水、排水及采暖系统的管道、金属支、吊、托架及设备的防腐良好、涂漆附着良好，无脱皮、起泡、流淌和漏涂缺陷。有保温要求的管道及设备保温层的厚度符合设计要求，阀门等接头处保温严密到位，保护层（保温层）表面平整。

5. 有排水要求的设备机房、房间地面的排水口及地漏。凡有排水要求的地面坡度应符合设计要求，坡度朝向地漏或集水井，无积水现象；有地漏的地漏应在最低处，排水应从地漏箅子上排入地漏，地漏水封高度不小于50mm。建筑给水排水及采暖工程观感质量统计分析及检查记录可用辅助表，见表8-16。

（三）建筑给水排水及采暖工程观感质量检查汇总评价

建筑给水排水及采暖工程观感质量评价根据设计要求和规范规定，按检查点的情况确定，检查点的质量情况，可摘录施工单位评定、监理单位检查验收的分部（子分部）工程质量验收记录的有关内容，也可直接现场抽查一部分。按照上述检查项目和标准，分别评出好、一般、差点的质量等级，将各项等级点的数量填入建筑给水排水及采暖工程观感质量检查辅助表，见表8-16。再按标准第3.5.4条的规定，评出一、二、三档来，填入建筑给水排水及采暖工程观感质量评分表，进行计算评分。见表8-17。

建筑给水排水及采暖工程观感质量检查辅助表　　表8-16

序号	检查项目	检查点检查结果				检查资料依据		检查结果
		检查点数	好的点数	一般的点数	差的点数	分部(子分部)验收记录	现场检查记录	
1	管道及支架安装							
2	卫生器具及给水配件安装							
3	设备及配件安装							
4	管道、支架及设备的防腐及保温							
5	有排水要求房间地面的排水口及地漏							

汇总人：　　　　年　月　日

建筑给水排水及采暖工程观感质量评分表　　表8-17

工程名称		施工阶段			检查日期		年　月　日	
施工单位				评价单位				
序号	检查项目	应得分	判定结果			实得分	备注	
			100%	85%	70%			
1	管道及支架安装	20						
2	卫生洁具及给水配件安装	20						
3	设备及配件安装	20						
4	管道、支架及设备的防腐及保温	20						
5	有排水要求房间地面的排水口及地漏	20						
检查结果	权重值20分。 应得分合计： 实得分合计： 　　建筑给水排水及采暖工程观感质量评分＝$\dfrac{实得分}{应得分}\times 20=$ 　　　　　　　　评价人员： 　　　　　　　　　　　　　　　　年　月　日							

第二节 建筑电气安装工程质量评价

一、建筑电气安装工程性能检测

建筑电气安装工程主要性能检测包括接地装置、防雷装置的接地电阻、照明全负荷试验、大型灯具固定及悬吊装置试验等，这些项目主要是关系到用电安全，是必须达到设计和规范要求的，绝大多数项目都是强制性条文。

（一）建筑电气安装工程性能检测项目

1. 接地装置、防雷接地装置电阻测试。接地装置、防雷接地装置必须测试，接地电阻值必须符合设计要求，是建筑电气安装工程质量评价的否决项目，其检测结果必须达到设计要求，评为一档。在测试时应注明环境条件，因为地下水位的变化，土壤导电率的变化，电阻值会不同。测试应在最不利的条件下测试为最好，测试可用电气接地电阻测试记录表进行，见表8-18。

2. 照明全负荷试验。在照明工程完成后，包括照明配电箱、线路开关、插座和灯具等，要做通电试验，以检查施工质量和设计的预期功能。照明箱、灯具、开关、插座及电线绝缘电阻测试完成，电气器具及线路绝缘电阻测试合格后，才能过电试验。公用建筑照明系统通电连续运行24h，民用住宅照明系统通电连续运行8h，所有照明灯具均开启，每2h记录运行状态1次，连续运行时间内无故障，为符合要求。照明全负荷试验记录可用建筑物照明全负荷通电试运行记录，见表8-19。

3. 大型灯具固定及悬吊装置过载测试。灯具重量大于3kg时，固定在螺栓或预埋吊钩上。花灯吊钩圆钢直径不小于灯具挂钩直径，且不小于6mm。大型花灯的固定及悬吊装置，应按灯具重量的2倍做过载试验。其试验可用大型照明灯具吊环承载力试验记录，见表8-20。

电气接地电阻测试记录

工程名称: 表8-18

施工单位				测试日期		
分部工程名称				分项工程名称		
施工图号				测试仪器型号、精度		
测试部位	接地性质	接地电阻(Ω)		测试环境		结论
		设计值	实测值	温度(℃)	天气情况	

简图或备注:

试验结果	

监理(建设)单位:	施工单位:
	安装项目技术负责人:
专业监理工程师:	
(建设单位(项目)负责人):	施工员:
	质检员:
年 月 日	年 月 日

由施工单位测试,监理单位参加。

建筑物照明全负荷通电试运行记录

表 8-19

工程名称：

施工单位			试运行日期		年 月 日			
分部工程名称			施工图号					
盘柜编号								
时间(h) \ 测试电流值(A)	a	b	c	a	b	c	a	b	c
照度检测 检测部位									
照度检测 设计值(lx)									
照度检测 实测值(lx)									

试运行结论：

监理(建设)单位： 专业监理工程师： (建设单位(项目)负责人： 年 月 日	施工单位： 安装项目技术负责人： 施工员： 质检员： 年 月 日

由施工单位试运行，监理单位参加。

大型照明灯具吊环承载力试验记录

工程名称: 表 8-20

施工单位				
楼　层			试验日期	
灯具名称	安装部位	数　量	灯具自重(kg)	试验载重(kg)

试验结果:

监理(建设)单位:	施工单位:
	安装项目技术负责人:
专业监理工程师:	
(建设单位(项目)负责人):	施工员:
	质检员:
年 月 日	年 月 日

由施工单位试验,监理单位参加。

(二) 建筑电气安装工程性能检测评价

接地装置、防雷接地装置电阻测试达到设计要求的电阻值；照明系统全负荷通电试验，在规定通电时间内无故障；大型灯具固定及悬吊装置通过灯具重量2倍的过载试验，达到吊钩，吊环无变形，预埋件无异常，按标准第3.5.2条的规定，评价各项目的质量档次，填入建筑电气安装工程性能检测评分表，进行计算评分，见表8-21。

建筑电气安装工程性能检测评分表 表8-21

工程名称		施工阶段		检查日期		年 月 日
施工单位			评价单位			
序号	检查项目	应得分	判定结果 100%	判定结果 70%	实得分	备注
1	接地装置、防雷装置的接地电阻测试	40				
2	照明全负荷试验	30				
3	大型灯具固定及悬吊装置过载测试	30				
检查结果	权重值30分。 应得分合计： 实得分合计： 建筑电气安装工程性能检测评分 $=\dfrac{实得分}{应得分}\times 30=$ 评价人员：					年 月 日

二、建筑电气安装工程质量记录

(一) 建筑电气安装工程质量记录检查项目

1. 材料、设备出厂合格证及进场验收记录。建筑电气安装工程的材料主要包括电线及电缆，开关、插座、接线盒，照明器具及附件；设备主要是电动机、电加热器及电动执行机构，以及高低压成套设备等。这些设备不一定每个工程中都有，工程中有的项目就应该按规定检查。

电气材料、设备出厂合格证完整,检查确认其合格证的数据、质量状况符合规范规定,应在进场验收报告中做出检验结论。

对有异议的材料、设备送有资质的试验室进行抽样检测,出具检测报告,确认符合规范和相关技术标准规定。

进口的电气设备、器具、材料,除符合上述要求,还应提出商检证明和中文的质量合格证明文件、规格、型号、性能检测报告及中文的安装、使用、维修和试验要求等技术文件。

经批准的免检产品或认定名牌产品,具备相应的出厂合格文件,可只做进场验收记录。

具体各种材料、设备的要求:

(1) 电线、电缆的要求:

1) 按批查验合格证,合格证有生产许可证编号,按《额定电压 450/750V 及以下聚氯乙烯绝缘电缆》GB 5023.1~5023.7 标准生产的产品有安全认证标志;

2) 外观检查:包装完好,抽检的电线绝缘层完整无损,厚度均匀。电缆无压扁、扭曲,铠装不松卷。耐热、阻燃的电线、电缆外护层有明显标识和制造厂标;

3) 现场抽样检测绝缘层厚度和圆形线芯的直径;线芯直径误差不大于标称直径的 1%;常用的 BV 型绝缘电线的绝缘层厚度不小于表 8-22 的规定;

BV 型绝缘电线的绝缘层厚度 表 8-22

序号	1	2	3	4	5	6	7	8	9	10	11	12	13	14	15	16	17
电线芯线标称截面积(mm^2)	1.5	2.5	4	6	10	16	25	35	50	70	95	120	150	185	240	300	400
绝缘层厚度规定值(mm)	0.7	0.8	0.8	0.8	1.0	1.0	1.2	1.2	1.4	1.4	1.6	1.6	1.8	2.0	2.2	2.4	2.6

4) 对电线、电缆绝缘性能、导电性能和阻燃性能有异议时,按批抽样送有资质的试验室检测。

(2) 开关、插座、接线盒的要求:

1) 查验合格证,防爆产品有防爆标志和防爆合格证号,实行安全认证制度的产品有安全认证标志;

2) 外观检查:开关、插座的面板及接线盒盒体完整、无碎裂、零件齐全,风扇无损坏,涂层完整,调速器等附件适配;

3) 对开关、插座的电气和机械性能进行现场抽样检测。检测规定如下:

① 不同极性带电部件间的电气间隙和爬电距离不小于3mm;

② 绝缘电阻值不小于5MΩ;

③ 用自攻锁紧螺钉或自切螺钉安装,螺钉与软塑固定件旋合长度小于8mm,软塑固定件在经受10次拧紧退出试验后,无松动或掉渣,螺钉及螺纹无损坏现象;

④ 金属间相旋合的螺钉螺母,拧紧后完全退出,反复5次仍能正常使用。

4) 对开关、插座、接线盒及其面板等塑料绝缘材料阻燃性能有异议时,按批抽样送有资质的试验室检测。

(3) 照明灯具及附件的要求:

1) 查验合格证,新型气体放电灯具有随带技术文件;

2) 外观检查:灯具涂层完整,无损伤,附件齐全。防爆灯具铭牌上有防爆标志和防爆合格证号,普通灯具有安全认证标志;

3) 对成套灯具的绝缘电阻、内部接线等性能进行现场抽样检测。灯具的绝缘电阻值不小于2MΩ,内部接线为铜芯绝缘电线,芯线截面积不小于$0.5mm^2$,橡胶或聚氯乙烯(PVC)绝缘电线的绝缘层厚度不小于0.6mm。对游泳池和类似场所灯具(水下灯及防水灯具)的密闭和绝缘性能有异议时,按批抽样送有资质的试验室检测。

(4) 电动机、电加热器、电动执行机构等要求:

1) 查验合格证和随带技术文件,实行生产许可证和安全认证制度的产品,有许可证编号和安全认证标志;

2) 外观检查:有铭牌,附件齐全,电气接线端子完好,设备器件无缺损,涂层完整。

(5) 高低压成套配电柜、蓄电池柜、不间断电源柜、控制柜

(屏、台)及动力、照明配电箱(盘)的要求：

1)查验合格证和随带技术文件，实行生产许可证和安全认证制度的产品，有许可证编号和安全认证标志。不间断电源柜有出厂试验记录；

2)外观检查：有铭牌，柜内元器件无损坏丢失、接线无脱落脱焊，蓄电池柜内电池壳体无碎裂、漏液、充油、充气设备无泄漏，涂层完整，无明显碰撞凹陷。

(6)变压器、箱式变电所、高压电器及电瓷制品的要求：

1)查验合格证和随带技术文件，变压器有出厂试验记录；

2)外观检查：有铭牌，附件齐全，绝缘件无缺损、裂纹、充油部分不渗漏，充气高压设备气压指示正常，涂层完整。

(7)其他材料、设备的要求：电线导管、型钢、线槽、裸母线、发电机等，其质量符合设计及规范要求，检查出厂合格证后，做出进场验收记录。

(二)施工记录

建筑电气安装工程的施工记录，主要列出三项内容：施工记录、隐蔽工程验收记录、质量验收记录。

1. 电气安装施工记录，主要是各种安装工序的施工程序记录，尤其是本道工序安装必须是在前道工序验收合格后才能进行，施工记录包括前道工序的检查情况等。主要工序是变压器或箱式变电所安装、成套配电柜(控制柜、动力及照明配箱)安装、电动机及电加热器安装、不间断电源试验调整、低压电气设备安装及试运行、电缆及导线安装、各种灯具安装、开关插座等安装、接地装置安装、等电位联结安装等。记录的主要内容是施工中的主要程序、措施，质量情况记录下来，并有施工人员、施工技术负责人签字认可。

2. 隐蔽工程验收记录，电气安装工程的隐蔽工程部分，主要是各种埋在结构工程中的电线导管、电缆导管、接线盒，经检查验收合格后，并做好检查记录才能隐蔽。接地装置，建筑物基础接地体、人工接地体、接地模块施工完成后经检查验收合格，做好记录后，有施工人员、检查人员、技术负责人签字认可才能覆土回填。

3. 检验批、分项、分部（子分部）工程质量验收记录，按规定进行验收，收集整理好有关资料。

（三）施工试验

建筑电气安装工程的施工试验，主要是保证电气的运行安全，要测试的导线、设备、元件、器具的绝缘电阻的测试，以及各电气系统的空载和负荷运行记录。

1. 导线、设备、元件、器具绝缘电阻测试。

绝缘电阻测试记录主要用于建筑电气各种线路、设备（装置、器具）的绝缘强度测试，要求按照系统、回路、设备进行测试，不得遗漏。绝缘电阻值不得低于规范要求（如线路间和线路对地的绝缘电阻必须大于 $0.5M\Omega$，二次回路必须大于 $1M\Omega$，灯具导电部分对地大于 $2M\Omega$），记录中注意箱（柜）、回路编号或设备（装置、器具）的名称，并记录环境的温度和湿度；选择绝缘电阻测量仪表时，应注意其输出电压等级须与被测设备或线路的电压等级相匹配。导线、设备、器具绝缘电阻测试应涵盖全面，主要有安装前材料、设备、元件、器具的检查测试，各电气回路的导线（体）、设备、元件、器具的检查测试。具体主要包括封闭、插接式母线每段组对连续前绝缘电阻测试，电线、电缆敷设前绝缘电阻测试，母线支架和封闭、插接式母线的连续完成后的绝缘电阻测试，照明箱（盘）、灯具、开关、插座的线路绝缘电阻测试，柜、屏、箱、盘间馈电线路和二次回路的线间和线对地绝缘电阻测试，安装后设备（装置、器具）的绝缘强度测试以及其他低压线路的绝缘电阻测试等。

2. 电气装置空载和负荷运行试验记录。

运行试验是整体系统调整的重要措施，是交接试验的重要内容，是保证工作性能、运行安全、保障人身安全的重要手段。其运行常与调整等结合进行。通常有单个元件的调整试验、系统调整试验、静态检查测试，动态的空载、负荷运行测试。其空载、负荷运行测试是在前面各项试验的基础上进行的，包括了前边的各项调试工作。其项目较多，主要有一次设备变压器、母线、开关、绝缘子、互感器、电缆、发电机、电动机等；二次设备继电保护装置、控制、操作元件及电流、电压测量装置等，以及控制单个系统、整体系统调试等。

（四）建筑电气安装工程质量记录资料汇总

建筑电气安装工程质量记录资料主要是统计分析，经过施工安装单位自行检查和监理单位审查认可的有关资料，在数量及资料内容等质量上达到规定的要求，其汇总分析，可用辅助电气安装工程质量记录资料汇总表，见表8-23。再按标准第3.5.2条的规定，判出其评价结果，分别填入建筑电气安装工程质量记录评分表，进行统计评分，见表8-24。

电气安装工程质量记录资料汇总表　　　　表8-23

序　号		资料项目名称	资料份数及编号	判定情况
1. 材料、设备出厂合格证及进场验收记录	材料及元件	电线电缆		
		开关、插座、接线盒		
		灯具及附件		
		其他材料、元件		
	设备器具	电动机、加热器		
		高、低压成套配电柜		
		变压器等		
		其他设备、器具		
2. 施工记录		电气安装施工记录		
		隐蔽工程验收记录		
		检验批工程质量验收记录		
		分项工程质量验收记录		
		分部、子分部工程质量验收记录		
3. 施工试验		高、低压电气设备及布线系统交接试验记录		
		电气装置空载和负荷运行试验记录		

　　　　　　　　　　　　　　　　　　　　　　汇总人：　　　年　月　日

建筑电气安装工程质量记录评分表　　　　表8-24

工程名称			施工阶段		检查日期	年 月 日
施工单位					评价单位	

序号	检查项目		应得分	判定结果			实得分	备注
				100%	85%	70%		
1	材料、设备合格证、进场验收记录	材料及元件出厂合格证及进场验收记录	15					
		设备及器具出厂合格证及进场验收记录	15					
2	施工记录	电气装置安装施工记录	10					
		隐蔽工程验收记录	10					
		检验批、分项、分部（子分部）工程质量验收记录	20					
3	施工试验	高、低压电气设备及布线系统交接试验记录	15					
		电气装置空载和负荷运行试验记录	15					

检查结果	权重值30分。 应得分合计： 实得分合计： 　　　建筑电气安装工程质量记录评分＝$\dfrac{实得分}{应得分}\times 30=$ 　　　评价人员： 年 月 日

三、建筑电气安装工程尺寸偏差及限值实测

（一）建筑电气安装工程尺寸偏差及限值实测项目

建筑电气安装工程尺寸偏差及限值实测项目较多，有些不便检

测,有些项目是必须达到的项目,放在性能检测或质量记录中审查,这里只是将一些显示施工精度的项目摘出一部分来,进行抽查,以代表其施工精度,其项目见表8-25。

建筑电气安装工程尺寸偏差及限值实测检查项目　　表8-25

序 号	项 目	允 许 偏 差
1	柜、屏、台、箱、盘安装垂直度	1.5‰
2	同一场所成排灯具中心线偏差	5mm
3	同一场所的同一墙面,开关、插座面板的高度差	5mm

(二)数据汇总评价

建筑电气安装工程尺寸偏差及限值的数据,主要依靠施工单位自己检查测量,并经监理单位核查认可的检验批工程质量验收的有关数据,在相应有关分项工程或检验批中,将相应的数据进行摘录。必要时,评价人员也可实地抽测一些数据,以验证检验批工程质量验收数据,用数据汇总辅助表进行汇总,建筑电气工程数据汇总表见表8-26。将汇总表中的数据,按标准3.5.3条的规定,逐项进行判定,将判定结果填入建筑电气安装工程尺寸偏差及限值实测评分表,进行统计评分,见表8-27。

建筑电气安装工程尺寸偏差及限值实测数据汇总表　　表8-26

序 号	尺寸偏差及限值项目	尺寸偏差及限值实测数据					数据分析
1	柜、屏、台、箱、盘安装垂直度						
2	同一场所成排灯具中心线偏差						
3	同一场所的同一墙面,开关、插座面板的高度差						

汇总人:　　　年 月 日

电气安装工程尺寸偏差及限值实测评分表　　表8-27

工程名称		施工阶段			检查日期	年 月 日	
施工单位					评价单位		
序号	检查项目	应得分	判定结果			实得分	备注
			100%	85%	70%		
1	柜、屏、台、箱、盘安装垂直度	30					
2	同一场所成排灯具中心线偏差	30					
3	同一场所的同一墙面、开关、插座面板的高度差	40					
检查结果	权重值10分。 应得分合计： 实得分合计： 建筑电气安装工程尺寸偏差及限值实测评分＝$\dfrac{实得分}{应得分}\times 10=$ 评价人员： 年 月 日						

四、建筑电气安装工程观感质量

（一）建筑电气安装工程观感质量评价项目

建筑电气安装工程的观感质量评价项目包括的方面较广，因为建筑电气安装不仅仅是动力及照明功能的要求，在很大程序上影响到建筑的美观，灯具及其他用电设备成了建筑的装饰品，有的灯具就叫灯饰，并且电气安装工程对使用方便、使用安全要求也很高，所以，电气安装工程观感质量检查，是对电气安装工程的一个全面检查，检查项目只将大的项目列出，具体检查内容包括能看到的、影响到安全、美观、使用方便的、能操作的，以及一些可以做简单测试的项目，都可检查。其检查项目主要有：

1. 电线管（槽）、桥架、母线槽及其支吊架安装；
2. 导线及电缆敷设（含色标）；

3. 接地、接零、跨接、防雷装置；
4. 开关、插座安装及接线；
5. 灯具及其他用电器具安装及接线；
6. 配电箱、柜安装及接线。

（二）建筑电气安装工程观感质量检查标准

1. 电线管（槽）、桥架、母线槽及其支吊架安装。

电线管、槽敷设、金属导管、线槽桥架的接地、接零可靠符合规范要求，安装位置、方法正确，金属导管焊接连接，导管的埋置深度、弯曲半径、防腐处理符合规范规定，支架固定牢固，其最大间距符合要求。防爆导管敷设及绝缘导管、柔性导管敷设还应符合其特殊要求。导管、线槽在建筑物变形缝处，应设补偿器装置，标识清楚，整齐美观。

2. 导线及电缆敷设。线路规格型号选配正确，敷设及连接方法正确牢靠、工艺良好、排列规整有序，固定合理，标识正确清楚。

3. 接地、接零、跨接、防雷装置。材料选配合理，安装位置正确，连接规范、防腐良好，标识清楚美观，工艺良好，外露部分平正整洁，避雷带等支持件连接（固定）牢靠。

4. 开关、插座安装及接线：材料设备选配正确，安装位置合理，方法正确，接线（含接地或接零）方式正确牢靠，标识清楚，工艺良好，安装固定牢靠，配件齐全规整，安装位置正确，标高合理统一，整洁美观。

5. 灯具及其他用电器具安装及接线：接线（含接地或接零）正确牢靠，标识清楚；安装固定牢靠，构、配件齐全规整。安装位置正确，标高合理统一，整洁美观。

6. 配电箱、柜安装及接线：柜（屏、台）、箱（盘）及其基座构架的布置合理，安装位置正确，防腐良好，工艺良好，整洁美观，操控标识清楚；金属外壳和基座构架的接地（或接零）导体选型和连接方式正确牢靠，标识清楚；内部电器动作灵敏可靠，安装布置合理、整齐美观，接线端连接牢靠，标识清楚；内部结线选型正确牢靠，整齐美观，标识清楚；导管、线槽连接开孔适配，配件齐全，工艺良好。

(三)建筑电气安装工程观感质量评价

建筑电气安装工程观感质量根据设计要求和规范规定,参照上述检查标准,多数情况是根据施工单位自行评定和监理单位验收的分部、子分部工程质量验收表摘录,必要时,进行现场质量检查,按检查点的质量情况,分别评出检查的等级好、一般、差点的数量,填入建筑电气安装工程观感质量检查辅助表,见表8-28,再按标准第3.5.4条的规定评出一、二、三档来,填入建筑电气安装工程观感质量评分表,见表8-29。

建筑电气安装工程观感质量检查辅助表　　　　表8-28

序号	检查项目	检查点检查结果				检查资料依据		检查结果
		检查点数	好的点数	一般点数	差的点数	分部(子分部)验收记录	现场检查记录	
1	电线管、桥架、母线槽及其支吊架安装							
2	导线及电缆敷设							
3	接地、接零、跨接、防雷装置							
4	开关、插座安装及接线							
5	灯具及其他用电器具安装及接线							
6	配电箱、柜安装及接线							

汇总人:　　　年　月　日

建筑电气安装工程观感质量评分表　　　　表 8-29

工程名称		施工阶段				检查日期	年 月 日	
施工单位						评价单位		
序号	检查项目	应得分	判定结果			实得分	备注	
			100%	85%	70%			
1	电线管、桥架、母线槽及其支吊架安装	20						
2	导线及电缆敷设(含色标)	10						
3	接地、接零、跨接、防雷装置	20						
4	开关、插座安装及接线	20						
5	灯具及其他用电器具安装及接线	20						
6	配电箱、柜安装及接线	10						
检查结果	权重值 20 分。 应得分合计： 实得分合计： 建筑电气安装工程观感质量评分＝$\dfrac{实得分}{应得分} \times 20 =$ 评价人员： 　　　　　　　　　　　　　　　年 月 日							

第三节　通风与空调工程质量评价

一、通风与空调工程性能检测

（一）通风与空调工程性能检测项目

1. 空调水管道系统水压试验；

2. 通风管道严密性试验；

3. 通风、除尘、空调、制冷、净化、防排烟系统无生产负荷联合试运转与调试。

这些项目绝大多数是列为强制性条文的项目，是必须执行的项目。

（二）通风与空调工程性能检测项目检查标准

1. 空调水管道系统水压试验

空调水管道系统的水压试验根据《通风与空调工程施工质量验收规范》GB 50243—2002 的规定，管道系统安装完毕，外观检查合格后，应按设计要求进行水压试验。当设计无规定时，应按规范进行：

(1) 冷(热)水、冷却水系统的试验压力，当工作压力小于等于 1.0MPa 时，为 1.5 倍工作压力，但最低不小于 0.6MPa；当工作压力大于 1.0MPa 时，为工作压力加 0.5MPa；

(2) 对于大型、高层建筑等垂直位差较大的冷(热)媒水、冷却水管道系统宜采用分区、分层试压和系统试压相结合的方法。一般建筑可采用系统试压方法；

分区、分层试压：适用于相对独立的局部区域的管道进行试压。在试验压力下，稳压 10min，压力不下降，再将系统压力降至工作压力，在 60min 内压力不下降、外观检查无渗漏为合格。

系统试压：在各分区管道与系统主、干管全部连通后，对整个系统的管道进行系统试压。试验压力以最低点的压力为准，但最低点的压力不得超过管道与组成件的承受压力。压力试验升至试验压力后，稳压 10min，压力下降不得大于 0.02MPa，再将系统压力降至工作压力，外观检查无渗漏为合格。

(3) 各类耐压塑料管的强度试验压力为 1.5 倍工作压力，严密性工作压力为 1.15 倍的设计工作压力；

(4) 凝结水系统采用充水试验，应以不渗漏为合格。

空调工程管道水系统安装后必须进行水压试验(凝结水系统除外)，以检查系统的严密性能。

空调水管道系统水压试验可用管道(设备)强度、严密性试验记录，见表 8-30。阀门强度和严密性试验记录，见表 8-31。

2. 通风管道严密性试验

通风管道的严密性试验是对工程风管质量检验的重要项目，是通风与空调工程质量评价的否决项目，其检测结果必须达到设计要求，评为一档。根据《通风与空调工程施工质量验收规范》GB 50243—2002 的规定，风管系统安装完毕后，应按系统类别进行严密性检验，漏风量应符合设计要求与规范 GB 50243—2002 的规定。

(1) 风管系统按其系统的工作压力划分为三个类别,其类别划分见表 8-32。

(2) 风管严密性试验应通过工艺性的检测或验证,其强度和严密性要求应符合设计要求或下列规定:

管道(设备)强度、严密性试验记录　　　　表 8-30

工程名称:

施工单位		分部(子分部)工程名称	
监理单位		项目经理	
施工执行标准名称及编号			
管道(设备)名　　称		管道(设备)系统编号	
管道(设备)材　　质		环境温度	
试验介质		施工图号	
试验日期		试验仪器型号、精度	
试验压力		工作压力	
持续时间		允许压力降	
试验过程			
试验结果			

监理(建设)单位: 专业监理工程师: (建设单位(项目)负责人): 　　　　　　　年　月　日	施工单位: 班组长: 施工员: 质检员: 　　　　　　　年　月　日

由施工单位试验,监理单位参加。

阀门强度和严密性试验记录

表 8-31

工程名称：										
施工单位				监理单位			分项工程名称			
施工执行标准名称及编号							项目经理			
试验仪器型号、精度				试验日期						
阀门名称	制造厂名	型号规格	总数量（只）	试验数量（只）	抽查率（%）	试验介质	试验压力(MPa)		试验时间(s)	结论
							强度	严密性	强度	严密性	

监理（建设）单位：
专业监理工程师
（建设单位项目负责人）：

施工单位：
安装项目技术负责人：
施工员：
质检员：

　　　　　年　月　日　　　　　　　　　　　　　　　　年　月　日

由施工单位试验，监理单位参加。

风管系统类别划分　　　　　　　表 8-32

系统类别	系统工作压力 P(Pa)	密 封 要 求
低压系统	$P \leqslant 500$	接缝和接管连接处严密
中压系统	$500 < P \leqslant 1500$	接缝和接管连接处增加密封措施
高压系统	$P > 1500$	所有的拼接缝和接管连接处，均应采取密封措施

1）风管的强度应能满足在 1.5 倍工作压力下接缝处无开裂；

2）矩形风管的允许漏风量，应符合以下规定：

低压系统风管　　$Q_L \leqslant 0.1056 P^{0.65}$　　　　[m³/(h·m²)]

中压系统风管　　$Q_M \leqslant 0.0352 P^{0.65}$　　　　[m³/(h·m²)]

高压系统风管　　$Q_H \leqslant 0.0117 P^{0.65}$　　　　[m³/(h·m²)]

式中　Q_L，Q_M，Q_H——系统风管在相应工作压力下，单位面积风管单位时间内的允许漏风量 [m³/(h·m²)]；

　　　　　P——指风管系统的工作压力(Pa)。

3）低、中压系统圆形金属风管、复合材料风管以及采用非法兰形式的非金属风管的允许漏风量，应为矩形风管规定值的 50%；

4）砖、混凝土风道的允许漏风量不应大于矩形低压系统风管规定值的 1.5 倍；

5）排烟、除尘、低温送风系统风管按中压系统风管的规定；1~5 级净化空调系统按高压系统风管的规定。

（3）风管系统安装后经严密性检验合格后方能交付下道工序。风管系统严密性检验以主、干管为主。在加工工艺得到保证的前提下，低压风管系统可采用漏光法检测。其检测可用风管漏光检测记录，见表 8-33。风管漏风检测可用风管漏风检测记录，见表 8-34。

3. 通风、除尘、舒适性空调、恒温恒湿、净化、排烟系统无生产负荷联合试运转与调试。

（1）通风与空调系统安装完毕，必须进行系统的测定和调整，系统调试应包括下列项目：

1）设备单机试运转及调试；

风管漏光检测记录

表 8-33

工程名称：

施工单位		试验日期	
系统名称		工作压力(Pa)	
系统接缝总长度(m)		每10m接缝为一检测段的分段数	
检测光源			
分段序号	实测漏光点数(个)	每10m接缝的允许漏光点数(个/10m)	结　论
合　计	总漏光点数(个)	每100m接缝的允许漏光点数(个/100m)	结　论

检测结果：

监理(建设)单位：	施工单位：
专业监理工程师： (建设单位(项目)负责人)： 年　月　日	安装项目技术负责人： 施工员： 质检员： 年　月　日

由施工单位检测，监理单位参加。

风管漏风检测记录

表 8-34

工程名称:

施工单位		试验日期	
系统名称		工作压力(Pa)	
系统总面积(m²)		试验压力(Pa)	
试验总面积(m²)		系统检测分段数	

检测区段图示:	分段实测数值			
	序号	分段表面积 (m²)	试验压力 (Pa)	实际漏风量 (m³/h)

系统允许漏风量 (m³/m²·h)		实测系统漏风量 (m³/m²·h)	

检测结果:

监理(建设)单位:	施工单位:
	安装项目技术负责人:
专业监理工程师: (建设单位(项目)负责人):	施工员:
	质检员:
年 月 日	年 月 日

由施工单位检测,监理单位参加。

2) 在单机试运转及调试合格后，进行系统无生产负荷下的联合试运转及调试。

设备的单机试运转是空调工程中必须进行的基础试验项目，是系统联动试运行的前提条件。对于小型的送排风工程系统，可能仅一台风机；但是对于大型的高层公共民用建筑，则可能包括数千台的设备单机。不同的设备单机，其试运行的要求是不相同的。空调系统主要的设备为各类的制冷机组、风机、水泵、空调机组、各类末端装置和控制设备等。

3) 防火阀、排烟阀(口)启闭联动试验

防火阀、排烟阀(口)启闭联动试验主要是检查防火阀、排烟阀(口)与系统中的风机及有关设备之间的联动和反馈。规范规定电控防火、防排烟风阀(口)的手动、电动操作应灵活、可靠，信号输出应正确。

防火阀、排烟阀(口)均为建筑工程中有关消防系统中的重要部件，它们的本体质量和与系统的关联功能，直接影响建筑防排烟系统在火灾发生时的功能发挥，是重点检测项目。

(2) 系统无生产负荷的联合试运转及调试达到的要求：

1) 系统总风量调试结果与设计风量的偏差不大于10%；

2) 空调冷(热)水、冷却水总流量测试结果与设计流量的偏差不大于10%；

3) 舒适性空调的温度、相对湿度符合设计的要求。恒温、恒湿房间室内空气温度、相对湿度及波动范围符合设计规定；

4) 防排烟系统联合试运行与调试的结果，风量及正风压必须符合设计与消防的规定。

(3) 净化空调系统还应达到的要求：

1) 单向流洁净室系统的调试，总风量与设计风量的允许偏差为0~20%，室内各风口风量与设计风量的允许偏差为15%；新风量与设计新风量的允许偏差为10%；

2) 单向流洁净室系统的室内截面平均风速与设计风速的允许偏差为0~20%，且截面风速不均匀度不大于0.25。新风量和设计新风量的允许偏差为10%；

3) 相邻不同级别洁净室之间和洁净室与非洁净室之间的静压差不应小于 5Pa，洁净室与室外的静压差不小于 10Pa；

4) 室内空气洁净度等级必须符合设计规定的等级或在商定验收状态下的等级要求；高于等于 5 级的单向流洁净室，在门开启的状态下，测定距离门 0.6m 室内侧工作高度处空气含尘浓度，亦不应超过室内洁净度等级上限的规定。

(4) 通风工程的系统无生产负荷联动试运转及调试达到的要求：

1) 系统联动试运转中，设备及主要部件的联动必须符合设计要求，动作协调、正确，无异常现象；

2) 系统经过平衡调整，各风口或吸风罩的风量与设计风量的允许偏差不大于 15%；

3) 湿式除尘器的供水与排水系统运行正常。

(5) 空调工程的系统无生产负荷联动试运转及调试，还应达到的要求：

1) 空调工程水系统应冲洗干净、不含杂物，并排除管道系统中的空气；系统连续运行应达到正常、平稳；水泵的压力和水泵电机的电流不出现大幅的波动。系统平衡调整后，各空调机组的水流量应符合设计要求，允许偏差为 20%；

2) 各种自动计量检测元件和执行机构的工作应正常，满足建筑设备自动化(BA、FA 等)系统对被测定参数进行检测和控制的要求；

3) 多台冷却塔并联运行时，各冷却塔的进、出水量应达到均衡一致；

4) 室内的空调噪声，应符合设计的规定；

5) 有压差要求的房间、厅堂与其他相邻房间之间的压差，舒适性空调正压为 0~25Pa；工艺性的空调应符合设计规定；

6) 有环境噪声要求的场所，制冷、空调机组应按《采暖通风与空气调节设备噪声声功率级的测定——工程法》GB 9068 的规定进行测定。洁净室内的空调噪声应符合设计规定。

(6) 通风与空调工程的系统控制和监测设备，应能与系统的检测元件和执行机构正常沟通，系统的状态参数应能正确显示，设备联锁、自动调节、自动保护应能正确运作。

(7) 系统无生产负荷联合试运行前,应满足的条件:

1) 系统调试所使用的测试仪器和仪表,性能应稳定可靠,其精度等级及最小分度值应能满足测定的要求,并应符合国家有关计量法规及检定规程的规定。

2) 通风与空调工程的系统调试,应由施工单位负责、监理单位监督,设计单位与建设单位参与和配合。系统调试的实施可以是施工企业本身或委托给具有调试能力的其他单位。

3) 系统调试前,承包单位应编制调试方案,报送专业监理工程师审核批准;调试结束后,必须提供完整的调试资料和报告。

4) 通风与空调工程系统无生产负荷的联合试运转及调试,应在制冷设备和通风与空调设备单机试运转合格后进行。空调系统带冷(热)源的正常联合试运转不应小于 8h,当竣工季节与设计条件相差较大时,可仅做不带冷(热)源试运转。通风、除尘系统的连续试运转不应小于 2h。

5) 净化空调系统运行前应在回风、新风的吸入口处和粗、中效过滤器前设置临时用过滤器(如无纺布等),实行对系统的保护。净化空调系统的检测和调整,应在系统进行全面清扫,且已运行 24h 及以上达到稳定后进行。

洁净室洁净度的检测,应在空态或静态下进行或按合约规定。室内洁净度检测时,人员不宜多于 3 人,均必须穿与洁净室洁净度等级相适应的洁净工作服。

(8) 各项试运转可用有关表格记录。制冷机组、单元式空调机组试运转记录,见表 8-35;空调水系统试运转调试记录,见表 8-36;空调制冷系统试运转调试记录,见表 8-37;防排烟系统联合试运行记录,见表 8-38;通风空调系统无生产负荷联合试运转记录,见表 8-39。

(三) 通风与空调工程性能检测评价

通风与空调工程性能检测评价所依据的资料,有检测报告、检测记录等,为便于核验复查,应将相应资料列出明细表,核查各项目的资料是否完整,每个资料的数据是否符合要求,作出判定,然后按标准第 3.5.1 条的规定评出各性能检测项目的档次,填入通风与空调工程性能检测评分表,进行统计评分,见表 8-40。

表 8-35

制冷机组、单元式空调机组试运转记录

工程名称:										
施工单位						分部工程名称				
监理单位						施工执行标准名称及编号				
测试仪器及精度				试验日期				项目经理		
设备名称	制冷量 (kW)	制热量 (kW)	额定功率 (kW)	制冷剂	允许噪声 (dB)	试验电流 (A)	试验电压 (V)	运转时间 (h)	测试过程	测试结果
试验结果										

监理(建设)单位:	施工单位:
专业监理工程师:	安装项目技术负责人:
(建设单位(项目)负责人):	施工员:
	质检员:
年 月 日	年 月 日

空调水系统试运转调试记录

表 8-36

工程名称：			
施工单位		试运转调试日期	
监理单位		项目经理	
设计空调冷(热)水总流量($Q_{设}$)(m³/h)		相对差	
实际空调冷(热)水总流量($Q_{实}$)(m³/h)			
空调冷(热)水供水温度(℃)		空调冷(热)水回水温度(℃)	
设计冷却水总流量($Q_{设}$)(m³/h)		相对差	
实际冷却水总流量($Q_{实}$)(m³/h)			
冷却水供水温度(℃)		冷却水回水温度(℃)	

试运转、调试内容：

试运转、调试结果：

监理(建设)单位：	施工单位：
专业监理工程师：	安装项目技术负责人：
(建设单位(项目)负责人)：	施工员：
	质检员：
年 月 日	年 月 日

由施工单位调试，监理单位参加。

空调制冷系统试运转调试记录

表8-37

工程名称：

施工单位		试运转调试日期	
系统名称		系统所在位置	
实测总风量（m³/h）		设计总风量（m³/h）	
风机全压(Pa)		实测风机全压(Pa)	

试运转、调试内容：

试运转、调试结果：

监理(建设)单位：	施工单位：
	安装项目技术负责人：
专业监理工程师：	
(建设单位(项目)负责人)：	施工员：
	质检员：
年 月 日	年 月 日

由施工单位调试，监理单位参加。

防排烟系统联合试运行记录

工程名称: 表8-38

施工单位		试运行时间	
试运行项目		试运行楼层	
风道类别		风机类别型号	
电源型式		防火(风)阀类别	

序号	风口尺寸	风速(m/s)	风量(m³/h)		相对差	风压(Pa)
			设计风量($Q_设$)	实际风量($Q_实$)		

试运行结果:

监理(建设)单位:	施工单位:
专业监理工程师: (建设单位(项目)负责人):	安装项目技术负责人: 施工员: 质检员:
年 月 日	年 月 日

由施工单位试运行,监理单位参加。

通风空调系统无生产负荷联合试运转记录

工程名称: 表 8-39

施工单位			试运转日期	
监理单位			施工执行标准名称及编号	
试运转测试仪表或设备精度等级				项目经理

项目	序号	内容	检查结果	判定
空调工程	1	总风量与设计值比较		
	2	冷、热水总流量与设计值比较		
	3	冷却水总流量与设计值比较		
	4	舒适空调的温度、相对湿度		
	5	恒温恒湿房间室内温湿度、相对湿度及波动范围		
	6	空调机组水流量与设计值比较		
	7	与BA、FA配合情况		
	8	多台冷却塔进出水量均衡情况		
	9	其他		
洁净空调工程	1	单向流洁净室系统总风量与设计值比较		
	2	室内各风口风量与设计值比较		
	3	系统总新风量与设计新风量的比较		
	4	单向流洁净室内平均风速及均匀度		
	5	单向流洁净室内新风量与设计值比较		
	6	洁净室间或洁净室与室外的静压差值		
	7	室内洁净度测定		
通风工程	1	各风口或吸风罩风量与设计值比较		
	2	湿式除尘器供排水情况		
	3	设备及主要部件的联动、自动调节、自动防护情况		
防排烟工程	1	系统总风量与设计值比较		
	2	正压送风的余压值测定	防烟楼梯间		
			消防楼梯间、封闭避难间		
	3	其他		

试运转联动结果:

监理(建设)单位: 专业监理工程师: (建设单位(项目)负责人): 年 月 日	施工单位: 安装项目技术负责人: 施工员: 质检员: 年 月 日

由施工单位试验,监理单位参加。

通风与空调工程性能检测评分表　　表 8-40

工程名称		施工阶段		检查日期		年 月 日	
施工单位				评价单位			

序号	检查项目	应得分	判定结果		实得分	备注
			100%	70%		
1	空调水管道系统水压试验	20				
2	通风管道严密性试验	30				
3	通风、除尘系统联合试运转与调试	15				
	空调系统联合试运转与调试	15				
	制冷系统联合试运转与调试	10				
	净化系统联合试运转与调试	(10)				
	防排烟系统联合试运转与调试	10				
检查结果	权重值30分。 应得分合计： 实得分合计： 通风与空调工程性能检测评分＝$\frac{实得分}{应得分}\times 30=$ 评价人员： 年 月 日					

二、通风与空调工程质量记录

（一）通风与空调工程质量记录检查项目

1. 材料、设备出厂合格证及进场验收记录

（1）材料、风管及部件出厂合格证及进验收记录。材料主要是风管板材，有金属板材、非金属板材，风管的加固材料角钢、扁钢、槽钢等。板材的品种、规格、性能与厚度符合设计要求和标准规定；防火风管的材料还要符合不燃或难燃材料的标准。以及防爆风阀、防排烟系统柔性短管材料都应符合设计要求。

对使用外加工的风管及风口、风阀、排风罩、风帽、消声器等部件，按要求应有出厂检验记录（或出厂合格证），进场要对照设计要求进行检查验收，出厂合格证附在进场验收记录表后。

（2）仪表、设备出厂合格证及进场验收记录。仪表主要是流量、压力、温度、湿度等计量仪表和监测仪表等，安装前应进行计量鉴定，并有鉴定证书；设备主要包括通风机、空调机组、除尘器、高效过滤器、净化空调设备、电加热器、干蒸汽加湿器、过滤吸收器等，应有出厂合格证（技术说明书等），有装箱清单的要按清单检查装箱物品，设备规格、型号及技术指标符合设计要求，并形成进场验收记录。

2. 施工记录

（1）风管及部件加工制作记录。现场加工制作的风管及部件要求将加工过程的程序、措施及加工质量情况做施工记录，如果是外加工件，应有出厂检验记录及进场验收记录。

（2）风管系统、管道系统安装记录。按规定记录安装过程的程序、措施及安装质量情况。

（3）防火阀、防排烟阀、防爆阀等安装记录。按规定记录安装前检查防火阀、防排烟阀、防爆阀的不燃材料及加工符合设计要求和消防产品规定；外购产品要有相应的合格文件。安装方向正确，位置便于操作、检修，启闭动作灵活、可靠、关闭严密，防火阀的直径或长边尺寸大于等于630mm时，宜设独立支、吊架；排烟阀（排烟口）及手控装置（含预埋套管）的位置符合设计要求等应单独作出记录。

（4）设备安装记录。主要设备的安装程序、措施及安装质量情况等记录。

（5）隐蔽工程验收记录。主要是一些预埋件、管道保温前的防腐处理等。

（6）检验批、分项工程、分部（子分部）工程质量验收记录。按规定由施工单位自评合格，由监理单位核查验收形成的验收资料。

3. 施工试验

（1）空调水系统阀门安装前的试验。空调水系统起切断作用的阀门安装前应进行强度和严密性检验，合格后方准使用。

(2) 设备单机试运转及调试。主要设备安装后的试运转及调试记录。

(3) 防火阀、排烟阀(口)启闭联动试验。安装方向、位置正确,动作试验风量、风压等符合设计要求。

(二) 通风与空调工程质量记录汇总

通风与空调工程质量记录的检查,主要依靠施工单位自行检查合格,监理单位审查认可的有关分部(子分部)工程的质量记录资料,为了审查方便,可将这些资料的名称和份数填入质量记录检查辅助表,见表8-41。对每份资料的数据及质量情况检查后,再按标准第3.5.2条的规定,评价出各项质量记录的档次来填入通风与空调工程质量记录评价表,进行统计评分,见表8-42。

通风与空调工程质量记录资料汇总表　　表8-41

序号	资料项目名称	资料份数及编号	判定情况
1. 材料、设备出厂合格证及进场验收记录	材料、风管及部件出厂合格证及进场验收记录		
	设备出厂合格证及进场验收记录		
2. 施工记录	风管及部件加工记录		
	风管系统、管道系统安装记录		
	防火阀、防排烟阀、防爆阀等安装记录		
	设备(含水泵、风机、空气处理设备、空调机组和制冷设备等)安装记录		
	隐蔽工程验收记录		
	检验批工程质量验收记录		
	分项工程质量验收记录		
	分部、子分部工程质量验收记录		
3. 施工试验	空调水系统阀门安装前试验		
	设备单机试运转及调试		
	防火阀、排烟阀(口)启闭联动试验		

汇总人:　　年 月 日

通风与空调工程质量记录评分表　　表8-42

工程名称			施工阶段		检查日期		年 月 日	
施工单位					评价单位			

序号	检查项目		应得分	判定结果			实得分	备注
				100%	85%	70%		
1	材料、设备出厂合格证及进场验收记录	材料、风管及部件出厂合格证及进场验收记录	15					
		设备出厂合格证及进场验收记录	15					
2	施工记录	风管及部件加工制作记录	10					
		风管系统、管道系统安装记录	10					
		防火阀、防排烟阀、防爆阀等安装记录	5					
		设备(含水泵、风机、空气处理设备、空调机组和制冷设备等)安装记录	5					
		隐蔽工程验收记录	5					
		检验批、分项、分部(子分部)工程质量验收记录	5					
3	施工试验	空调水系统阀门安装前试验	5					
		设备单机试运转及调试	10					
		防火阀、排烟阀(口)启闭联动试验	15					

检查结果	权重值30分。 应得分合计： 实得分合计： 　　　通风与空调工程质量记录评分 $= \dfrac{\text{实得分}}{\text{应得分}} \times 30 =$ 　　　　　　　　　　评价人员： 　　　　　　　　　　　　　　　　　　年　月　日

三、通风与空调工程尺寸偏差及限值实测

（一）通风与空调工程尺寸偏差及限值实测检查项目

通风与空调竣工后能看到的量大面广的项目，选择了风口口径尺寸、风口安装偏差及有安全要求的防火阀距墙表面距离，作为安装精度来实测。

1. 风口口径尺寸偏差，见表8-43。

风口口径尺寸允许偏差（mm） 表8-43

圆形风口		
直径	≤250	>250
允许偏差	0～－2	0～－3
矩形风口		
边长	<300	300～800	>800
允许偏差	0～－1	0～－2	0～－3
对角线长度	<300	300～500	>500
对角线长度之差	≤1	≤2	≤3

2. 风口安装尺寸偏差，在安装位置、标高及方向符合要求的前提下，其安装偏差：

风口水平安装，水平度的偏差不大于3/1000。

风口垂直安装，垂直度的偏差不大于2/1000。

3. 防火阀安装位置、标高、方向符合要求的前提下，距墙表面的距离，不大于200mm。

（二）数据汇总评价

通风与空调工程尺寸偏差及限值的实测数据，主要依靠施工单位自检评定检查测量的数据，经过监理单位核查认可的，分项工程选取10个（不足10个全部选取），检验批工程质量验收记录中的相关数据，进行摘录，作为评价的数据，必要时评价人员也可实地抽测一部分。可用辅助表进行汇总，见表8-44。然后再按标准第3.5.3条的规定，评价出各项目的档次来，填入通风与空调工程尺寸偏差及限值实测评分表，进行统计评分，见表8-45。

通风与空调工程实测数据汇总表

表 8-44

序号	项目允许偏差值		允许偏差测量数值					数据分析
1	风口口径尺寸	圆形						
		矩形						
2	风口安装偏差	水平安装						
		垂直安装垂直度						
3	防火阀距墙表面的距离							

汇总人： 年 月 日

通风与空调工程尺寸偏差及限值实测评分表

表 8-45

工程名称		施工阶段			检查日期	年 月 日	
施工单位					评价单位		
序号	检查项目	应得分	判定结果			实得分	备注
			100%	85%	70%		
1	风口尺寸	40					
2	风口水平安装的水平度，风口垂直安装的垂直度	30					
3	防火阀距墙表面的距离	30					
检查结果	权重值10分。 应得分合计： 实得分合计： 通风与空调工程尺寸偏差及限值实测评分=$\frac{实得分}{应得分} \times 10=$ 评价人员： 年 月 日						

四、通风与空调工程观感质量

（一）通风与空调工程观感质量检查项目

通风与空调工程的观感质量重点是主要工程完成后或竣工后能看到的部分，对一些能开启的，可开启查看，能用手操动的，可操动，凡能看到的尽可能看到，由于其细项目较多，列出来的有的工程不一定能看到，故只将大的项目列出，其检查的主要项目是：

1. 风管制作；
2. 风管及其部件，支吊架安装；
3. 设备及配件安装；
4. 空调水管道安装；
5. 风管及管道保温。

（二）通风与空调工程观感质量检查标准

1. 风管制作观感检查标准

风管制作有现场制作及场外加工，在风管工程安装前应进行全面检查，做好记录，安装后只检查其是否有损坏变形就行了。其检查的主要内容是风管的材质、防火、防腐等要符合设计要求；规格主要是板材的厚度要符合设计要求；风管的强度，一方面是材料的强度，一方面是加工加强的楞筋、立筋、角钢、扁钢、管内支撑等措施是否到位；从外观情况看其严密性，在未安装前主要检查焊缝，咬口的均匀性、一致性及咬合程度，风管段二端角铁的平整规正情况等，以及外观情况，是否有损伤、划痕、碰坑、表面油污、灰尘等。其检查项目可现场抽查，也可查阅风管进场验收记录，进行分析判定。

2. 风管及其部件、支吊架安装观感检查标准

在风管、部件及支吊架安装后，重点检查风管的严密性，除检查漏光检测记录外，检查主干管的风管段连接及与部件接口处的外观情况；支吊架安装牢固情况及风管的坡度情况。易燃、易爆、高温风管的处理情况，风管穿墙、穿楼板处的处理情况，部件安装的位置、方向正确、操作机构便于操作、阀门朝向正确、标志明显等，现场观察检查或检查分部工程质量验收记录。其具体内容：

(1) 风管安装检查内容：

1) 在风管穿过需要封闭的防火、防爆的墙体或楼板时，应设预埋管或防护套管，其钢板厚度不应小于 1.6mm。风管与防护套管之间，应用不燃且对人体无危害的柔性材料封堵。

2) 风管内严禁其他管线穿越；输送含有易燃、易爆气体或安装在易燃、易爆环境的风管系统应有良好的接地，通过生活区或其他辅助生产房间时必须严密，并不得设置接口；室外立管的固定拉索严禁拉在避雷针或避雷网上；输送空气温度高于80℃的风管，应按设计规定采取防护措施。

3) 风管安装位置、标高、走向，应符合设计要求。连接应平直，不扭曲，现场风管接口的配置，不得缩小其有效截面；连接法兰的螺栓应均匀拧紧，其螺母宜在同一侧；风管接口的连接应严密、牢固。风管法兰的垫片材质应符合系统功能的要求，厚度不应小于 3mm。垫片不应凸入管内，亦不宜突出法兰外。柔性短管的安装，应松紧适度，无明显扭曲；可伸缩性金属或非金属软风管的长度不宜超过 2m，并不应有死弯或塌凹；风管与砖、混凝土风道的连接接口，应顺着气流方向插入，并应采取密封措施。风管穿出屋面处应设有防雨装置；不锈钢板、铝板风管与碳素钢支架的接触处，应有隔绝或防腐绝缘措施。

4) 无法兰连接风管的安装风管的连接处，应完整无缺损、表面应平整，无明显扭曲。承插式风管四周缝隙应一致，无明显的弯曲或褶皱，内涂的密封胶应完整，外粘的密封胶带，应粘贴牢固、完整无缺损；薄钢板法兰形式风管连接，弹性插条、弹簧夹或紧固螺栓的间隔不应大于 150mm，且分布均匀，无松动现象；插条连接的矩形风管，连接后的板面应平整、无明显弯曲。

5) 明装风管垂直安装的水平度和垂直度的允许偏差不应大于 20mm。暗装风管的位置应正确、无明显偏差。

除尘系统的风管，宜垂直或倾斜敷设，与水平夹角宜大于或等于 45°，小坡度和水平管应尽量短。

对含有凝结水或其他液体的风管，坡度应符合设计要求，并在最低处设排液装置。

6) 净化空调系统风管的风管、静压箱及其他部件，必须擦拭干净，做到无油污和浮尘，当施工停顿或完毕时，端口应封好；法兰垫料应为不产尘、不易老化和具有一定强度和弹性的材料，厚度为5～8mm，不得采用乳胶海绵；法兰垫片应尽量减少拼接，并不允许直缝对接连接，严禁在垫料表面涂涂料；风管与洁净室吊顶、隔墙等围护结构的接缝处应严密。

7) 集中式真空吸尘系统的真空吸尘系统弯管的曲率半径不应小于4倍管径，弯管的内壁面应光滑，不得采用褶皱弯管；真空吸尘系统三通的夹角不得大于45°；四通制作应采用两个斜三通的做法。

(2) 风管部件安装：

1) 各类风管部件及操作机构的安装，应能保证其正常的使用功能，并便于操作；斜插板风阀的安装，阀板必须为向上拉启；水平安装时，阀板还应为顺气流方向插入；止回风阀、自动排气活门的安装方向应正确。

2) 防火阀、排烟阀（口）的安装方向、位置应正确。防火分区隔墙两侧的防火阀，距墙表面不应大于200mm。

3) 手动密闭阀安装，阀门上标志的箭头方向必须与受冲击波方向一致。

4) 集中式真空吸尘系统的吸尘管道的坡度宜为5/1000，并坡向立管或吸尘点；吸尘嘴与管道的连接，应牢固、严密。

5) 各类风阀应安装在便于操作及检修的部位，安装后的手动或电动操作装置应灵活、可靠，阀板关闭应严密。防火阀直径或长边尺寸大于等于630mm时，宜设独立支、吊架。排烟阀（排烟口）及手控装置（包括预埋套管）的位置应符合设计要求。预埋套管不得有死弯及瘪陷。除尘系统吸入管段的调节阀，宜安装在垂直管段上。

6) 风帽安装必须牢固，连接风管与屋面或墙面的交接处不应渗水。排、吸风罩的安装位置应正确，排列整齐，牢固可靠。

7) 风口与风管的连接应严密、牢固，与装饰面相紧贴；表面平整、不变形，调节灵活、可靠。条形风口的安装，接缝处应衔接自然，无明显缝隙。同一厅室、房间内的相同风口的安装高度应一致，排列应整齐。

明装无吊顶的风口，安装位置和标高偏差不应大于10mm。

风口水平安装的水平度的偏差不应大于3/1000。

风口垂直安装的垂直度的偏差不应大于2/1000。

8) 净化空调系统风口安装前应清扫干净，其边框与建筑顶棚或墙面间的接缝处应加设密封垫料或密封胶，不应漏风；带高效过滤器的送风口，应采用可分别调节高度的吊杆。

(3) 风管支、吊架安装检查内容：

1) 风管水平安装时，支吊架设置间距直径或边长尺寸小于等于400mm，间距不应大于4m；大于400mm，不应大于3m。螺旋风管的支、吊架间距可分别延长至5m和3.75m；对于薄钢板法兰的风管，其支、吊架间距不应大于3m。

2) 风管垂直安装，间距不应大于4m。单根直风管至少应有2个固定点。

3) 风管支、吊架宜按国家标准图集与规范选用强度和刚度相适应的形式和规格。对于直径或边长大于2500mm的超宽、超重等特殊风管的支、吊架应按设计规定。

4) 支、吊架不宜设置在风口、阀门、检查门及自控机构处，离风口或插接管的距离不宜小于200mm。

5) 当水平悬吊的主、干风管长度超过20m时，应设置防止摆动的固定点，每个系统不应少于1个。

6) 吊架的螺孔应采用机械加工。吊杆应平直，螺纹应完整、光洁。安装后各副支、吊架的受力应均匀，无明显变形。

7) 抱箍支架，折角应平直，抱箍应紧贴并箍紧风管。安装在支架上的圆形风管应设托座和抱箍，其圆弧应均匀，且与风管外径相一致。

8) 非金属风管的风管连接两法兰端面应平行、严密，法兰螺栓两侧应加镀锌垫圈；应适当增加支、吊架与水平风管的接触面积；硬聚氯乙烯风管的直段连续长度大于20m，应按设计要求设置伸缩节；支管的重量不得由干管来承受，必须自行设置支、吊架；

风管垂直安装，支架间距不应大于 3m。

复合材料风管安装的支、吊宜按产品说明检查。

3. 设备及部件安装检查标准

设备安装前应进行检查验收合格，各项设备说明书、合格证等文件完整。设备的型号、规格、技术参数应符合设计要求，出口方向正确，安装位置正确、安装牢固。空调机组、除尘器、高效过滤器、净化空调设备、静电空气过滤器、电加热器、干蒸汽加湿器、过滤吸收器等的安装应符合其安装技术文件。其具体检查内容：

(1) 通风机安装检查内容：

1) 型号、规格应符合设计规定，其出口方向应正确；

2) 叶轮旋转应平稳，停转后不应每次停留在同一位置上；

3) 固定通风机的地脚螺栓应拧紧，并有防松动措施；

4) 通风机传动装置的外露部位以及直通大气的进、出口，必须装设防护罩(网)或采取其他安全设施；

5) 现场组装的轴流风机叶片安装角度应一致，达到在同一平面内运转，叶轮与筒体之间的间隙应均匀，水平度允许偏差为 1/1000；

6) 安装隔振器的地面应平整，各组隔振器承受荷载的压缩量应均匀，高度误差应小于 2mm；

7) 安装风机的隔振钢支、吊架，其结构形式和外形尺寸应符合设计或设备技术文件的规定；焊接应牢固，焊缝应饱满、均匀。

(2) 空调机组的安装检查内容：

1) 型号、规格、方向和技术参数应符合设计要求；

2) 现场组装的组合式空气调节机组应做漏风量的检测，其漏风量必须符合现行国家标准《组合式空调机组》GB/T 14294 的规定；

3) 单元式空调机组安装分体式空调机组的室外机和风冷整体式空调机组的安装，固定应牢固、可靠；除应满足冷却风循环空间的要求外，还应符合环境卫生保护有关法规的规定；分体式空调机组的室内机的位置应正确、并保持水平，冷凝水排放应畅通。管道穿墙处必须密封，不得有雨水渗入；

4）整体式空调机组管道的连接应严密、无渗漏，四周应留有相应的维修空间。

（3）除尘器的安装：

1）型号、规格、进出口方向必须符合设计要求；

2）现场组装的除尘器壳体应做漏风量检测，在设计工作压力下允许漏风率为5%，其中离心式除尘器为3%；

3）布袋除尘器、电除尘器的壳体及辅助设备接地应可靠；

4）除尘器的安装位置应正确、牢固平稳，允许偏差应符合要求；

5）除尘器的活动或转动部件的动作应灵活、可靠，并应符合设计要求；

6）除尘器的排灰阀、卸料阀、排泥阀的安装应严密，并便于操作与维护修理；

7）现场组装布袋除尘器安装，外壳应严密、不漏，布袋接口应牢固；分室反吹袋式除尘器的滤袋安装，必须平直。每条滤袋的拉紧力应保持在25~35N/m；与滤袋连接接触的短管和袋帽，应无毛刺；机械回转扁袋袋式除尘器的旋臂，转动应灵活可靠，净气室上部的顶盖，应密封不漏气，旋转应灵活，无卡阻现象；脉冲袋式除尘器的喷吹孔，应对准文氏管的中心，同心度允许偏差为2mm。

（4）现场组装静电除尘器的安装检查内容：

1）阳极板组合后的阳极排平面度允许偏差为5mm，其对角线允许偏差为10mm；

2）阴极小框架组合后主平面的平面度允许偏差为5mm，其对角线允许偏差为10mm；

3）阴极大框架的整体平面度允许偏差为15mm，整体对角线允许偏差为10mm；

4）阳极板高度小于或等于7m的电除尘器，阴、阳极间距允许偏差为5mm。阳极板高度大于7m的电除尘器，阴、阳极间距允许偏差为10mm；

5）振打锤装置的固定应可靠；振打锤的转动应灵活。锤头方向应正确；振打锤头与振打砧之间应保持良好的线接触状态，接触长度应大于锤头厚度的 0.7 倍。

(5) 高效过滤器应在洁净室及净化空调系统进行全面清扫和系统连续试车 12h 以上后，在现场拆开包装并进行安装：

1) 安装前需进行外观检查和仪器检漏。目测不得有变形、脱落、断裂等破损现象；仪器抽检检漏应符合产品质量文件的规定；

2) 合格后立即安装，其方向必须正确，安装后的高效过滤器四周及接口，应严密不漏；在调试前应进行扫描检漏；

3) 高效过滤器采用机械密封时，须采用密封垫料，其厚度为 6～8mm，并定位贴在过滤器边框上，安装后垫料的压缩应均匀，压缩率为 25%～50%；

4) 采用液槽密封时，槽架安装应水平，不得有渗漏现象，槽内无污物和水分，槽内密封液高度宜为 2/3 槽深。密封液的熔点宜高于 50℃。

(6) 空气过滤器安装检查内容：

1) 安装平整、牢固，方向正确。过滤器与框架、框架与围护结构之间应严密无穿透缝；

2) 框架式或粗效、中效袋式空气过滤器的安装，过滤器四周与框架应均匀压紧，无可见缝隙，并应便于拆卸和更换滤料；

3) 卷绕式过滤器的安装，框架应平整、展开的滤料，应松紧适度、上下筒体应平行；

4) 静电空气过滤器金属外壳接地必须良好；

5) 过滤吸收器的安装方向必须正确，并应设独立支架，与室外的连接管段不得泄漏。

(7) 净化空调设备安装：

1) 净化空调设备与洁净室围护结构相连的接缝必须密封；

2) 风机过滤器单元(FFU 与 FMU 空气净化装置)应在清洁的现场进行外观检查，目测不得有变形、锈蚀、漆膜脱落、拼接板破损等现象；在系统试运转时，必须在进风口处加装临时中效过滤器作为保护；

3) 洁净室空气净化设备带有通风机的气闸室、吹淋室与地面间应有隔振垫；机械式余压阀的安装，阀体、阀板的转轴均应水平，允许偏差为2/1000。余压阀的安装位置应在室内气流的下风侧，并不应在工作面高度范围内；传递窗的安装，应牢固、垂直，与墙体的连接处应密封。

（8）电加热器的安装检查内容：

1）电加热器与钢构架间的绝热层必须为不燃材料；接线柱外露的应加设安全防护罩；

2）电加热器的金属外壳接地必须良好；

3）连接电加热器的风管的法兰垫片，应采用耐热不燃材料。

（9）加热器安装检查内容：

1）蒸汽加湿器的安装应设置独立支架，并固定牢固；接管尺寸正确、无渗漏；

2）干蒸汽加湿器的安装，蒸汽喷管不应朝下。

（10）消声器的安装检查内容：

1）消声器安装前应保持干净，做到无油污和浮尘；

2）消声器安装的位置、方向应正确，与风管的连接应严密，不得有损坏与受潮。两组同类型消声器不宜直接串联；

3）现场安装的组合式消声器，消声组件的排列、方向和位置应符合设计要求。单个消声器组件的固定应牢固；

4）消声器、消声弯管均应设独立支、吊架。

（11）风机盘管机组安装检查内容：

1）机组安装前宜进行单机三速试运转及水压检漏试验。试验压力为系统工作压力的1.5倍，试验观察时间为2min，不渗漏为合格；

2）机组应设独立支、吊架，安装的位置、高度及坡度应正确、固定牢固；

3）机组与风管、回风箱或风口的连接，应严密、可靠。

（12）空气风幕机安装，位置方向应正确、牢固可靠，纵向垂直度与横向水平度的偏差不应大于2/1000。

（13）制冷设备安装检查项目：

1）制冷设备、制冷附属设备的型号、规格、性能及技术参数必须符合设计要求，并具有产品合格证书、产品性能检验报告；

2）设备的混凝土基础必须进行质量交接验收，合格后方可安装；

3) 设备安装的位置、标高和管口方向必须符合设计要求。用地脚螺栓固定的制冷设备或制冷附属设备，其垫铁的放置位置应正确、接触紧密；螺栓必须拧紧，并有防松动措施；

4) 制冷设备及制冷附属设备安装位置平面位移10mm；标高±10mm的规定；

5) 整体安装的制冷机组，其机身纵、横向水平度的允许偏差为1/1000，并应符合设备技术文件的规定；

6) 制冷附属设备安装的水平度或垂直度允许偏差为1/1000，并应符合设备技术文件的规定；

7) 采用隔振措施的制冷设备或制冷附属设备，其隔振器安装位置应正确；各个隔振器的压缩量，应均匀一致，偏差不应大于2mm；

8) 设置弹簧隔振的制冷机组，应设有防止机组运行时水平位移的定位装置。

(14) 制冷系统管道安装检查内容：

1) 制冷系统的管道、管件和阀门的型号、材质及工作压力等必须符合设计要求，并应具有出厂合格证、质量证明书；

2) 法兰、螺纹等处的密封材料应与管内的介质性能相适应；

3) 制冷剂液体管不得向上装成"Ω"形。气体管道不得向下装成"℧"形（特殊回油管除外）；

4) 制冷机与附属设备之间制冷剂管道的连接，其坡度与坡向应符合设计及设备技术文件要求。当设计无规定时，应符合表8-46的规定；

制冷剂管道坡度、坡向　　　　表8-46

管道名称	坡向	坡度
压缩机吸气水平管（氟）	压缩机	≥10/1000
压缩机吸气水平管（氨）	蒸发器	≥3/1000
压缩机排气水平管	油分离器	≥10/1000
冷凝器水平供液管	贮液器	(1～3)/1000
油分离器至冷凝器水平管	油分离器	(3～5)/1000

5) 制冷系统投入运行前，应对安全阀进行调试校核，其开启和回座压力应符合设备技术文件的要求；

6) 管道、管件的内外壁应清洁、干燥；铜管管道支吊架的形式、位置、间距及管道安装标高应符合设计要求，连接制冷机的吸、排气管道应设单独支架；管径小于等于 20mm 的铜管道，在阀门外应设置支架；管道上下平行敷设时，吸气管应在下方；

7) 制冷剂管道弯管的弯曲半径不应小于 3.5D（管道直径），其最大外径与最小外径之差不应大于 0.08D，且不应使用焊接弯管及褶皱弯管；

8) 制冷剂管道分支管应按介质流向弯成 90°弧度与主管连接，不宜使用弯曲半径小于 1.5D 的压制弯管；

9) 采用承插钎焊焊接连接的铜管，其插接深度应符合规定，约为管径的 2/3～1/2，承插的扩口方向应迎介质流向。当采用套接钎焊焊接连接时，其插接深度应不小于承插连接的规定；

10) 采用对接焊缝组对管道的内壁应齐平，错边量不大于 0.1 倍壁厚，且不大于 1mm。

4. 空调水管道安装

空调水系统管道包括冷、热水、冷却水、凝结水系统及设备的安装。

（1）空调水系统的管道、配件、阀门及设备及连接形式应符合设计要求。

（2）管道系统安装完毕，外观检查合格后，应按规定进行水压试验，强度达到设计要求和建筑给水排水及采暖工程质量验收规范。

（3）阀门安装检查内容：

1) 阀门的安装位置、高度、进出口方向必须符合设计要求，连接应牢固紧密；

2) 安装在保温管道上的各类手动阀门，手柄不得向下；

3) 阀门安装前必须进行外观检查，对于工作压力大于 1.0MPa 及其在主干管上起到切断作用的阀门，应进行强度和严密性试验，合格后方准使用。其他阀门可不单独进行试验，待在系统试压中检验。

(4) 管道的焊接、螺纹连接、法兰连接应符合相关规定。

(5) 支、吊架的形式、位置、间距、标高应符合设计要求,安装牢固、整齐。

(6) 有关设备水泵及附属设备、冷却塔、水箱、集水器、储冷罐等安装符合要求。

5. 风管及管道保温

(1) 风管及管道的保温应在严密性检查合格后,防腐处理完成后进行。

(2) 风管和管道的绝热,应采用不燃或难燃材料,其材质、密度、规格与厚度应符合设计要求。如采用难燃材料时,应对其难燃性进行检查,合格后方可使用。

各类空调设备、部件的油漆喷、涂,不得遮盖铭牌标志和影响部件的功能使用。风管系统部件的绝热,不得影响其操作功能。

对电加热器前后 800mm 的风管和绝热层和穿越防火隔墙两侧 2m 范围内风管、管道和绝热层必须使用不燃绝热材料。

(3) 输送介质温度低于周围空气露点温度的管道,当采用非闭孔性绝热材料时,隔汽层(防潮层)必须完整,且封闭良好。

(4) 位于洁净室内的风管及管道的绝热,不应采用易产尘的材料(如玻璃纤维、短纤维矿棉等)。

(5) 绝热材料层应密实,无裂缝、空隙等缺陷。表面应平整,当采用卷材或板材时,允许偏差为 5mm;采用涂抹或其他方式时,允许偏差为 10mm。防潮层(包括绝热层的端部)应完整,且封闭良好;其搭接缝应顺水。

(6) 风管绝热层采用粘结方法固定时的检查内容:

1) 胶粘剂的性能应符合使用温度和环境卫生的要求,并与绝热材料相匹配;

2) 粘结材料宜均匀地涂在风管、部件或设备的外表面上,绝热材料与风管、部件及设备表面应紧密贴合,无空隙;

3) 绝热层纵、横向的接缝,应错开;

4) 绝热层粘贴后,如进行包扎或捆扎,包扎的搭连处应均匀、贴紧;捆扎的应松紧适度,不得损坏绝热层。

(7) 风管绝热层采用保温钉连接固定时的检查内容:

1) 保温钉与风管、部件及设备表面的连接,可采用粘接或焊接,结合应牢固,不得脱落;焊接后应保持风管的平整,并不应影响镀锌钢板的防腐性能;

2) 矩形风管或设备保温钉的分布应均匀,其数量底面每平方米不应少于16个,侧面不应少于10个,顶面不应少于8个。首行保温钉至保温材料边沿的距离应小于120mm;

3) 风管法兰部位的绝热层的厚度,不应低于风管绝热层的0.8倍;

4) 带有防潮隔汽层绝热材料的拼缝处,应用粘胶带封严。粘胶带的宽度不应小于50mm,粘胶带应牢固地粘贴在防潮面层上,不得有胀裂和脱落。

(8) 绝热涂料作绝热层时,应分层涂抹,厚度均匀,不得有气泡和漏涂等缺陷,表面固化层应光滑,牢固无缝隙。

(9) 管道阀门、过滤器及法兰部位的绝热结构应能单独拆卸。

(10) 管道绝热层检查内容:

1) 绝热产品的材质和规格,应符合设计要求,管壳的粘贴应牢固、铺设应平整;绑扎应紧密,无滑动、松弛与断裂现象;

2) 硬质或半硬质绝热管壳的拼接缝隙,保温时不应大于5mm、保冷时不应大于2mm,并用粘结材料勾缝填满;纵缝应错开,外层的水平接缝应设在侧下方。当绝热层的厚度大于100mm时,应分层铺设,层间应压缝;

3) 硬质或半硬质绝热管壳应用金属丝或难腐织带捆扎,其间距为300~350mm,且每节至少捆扎2道;

4) 松散或软质绝热材料应按规定的密度压缩其体积,疏密应均匀。毡类材料在管道上包扎时,搭接处不应有空隙。

(11) 金属保护壳检查内容:

1) 应紧贴绝热层,不得有脱壳、褶皱、强行接口等现象。接口的搭接应顺水,并有凸筋加强,搭接尺寸为20~25mm。采用自攻螺丝固定时，螺钉间距应匀称，并不得刺破防潮层。

2）户外金属保护壳的纵、横向接缝，应顺水；其纵向接缝应位于管道的侧面。金属保护壳与外墙面或屋顶的交接处应加设泛水。

(三) 通风与空调工程观感质量评价

通风与空调工程观感质量评价，通常是检查施工现场或通过检查施工单位自检合格，经监理单位检查认可的分部（子分部）工程质量验收记录，将该验收记录的评价记录摘抄到观感项目检查辅助表上来，也可现场检查和检查验收表相结合。将项目逐项列出，再按不同系统和部位分别进行检查评价，进行计算分析。检查辅助表见表8-47。

通风与空调工程观感质量检查辅助表　　　表8-47

序号	检查项目		检查点检查结果				检查资料依据		检查结果
			检查点数	好的点数	一般的点数	差的点数	分部（子分部）验收记录	现场检查记录	
1	风管制作								
2	风管及其部件、支吊架安装	风管							
		部件							
		支吊架							
3	设备及部件安装	设备							
		部件							
4	空调水管道安装	管道							
		设备							
5	风管及管道保温	风管							
		管道							

汇总人：　　　年　月　日

按照表8-47检查点的结果,按标准第3.5.4条的规定,评定出一、二、三档来,填入通风与空调工程观感质量评分表,见表8-48。

通风与空调工程观感质量评分表　　　　表8-48

工程名称		施工阶段			检查日期	年 月 日	
施工单位			评价单位				

序号	检查项目	应得分	判定结果			实得分	备注
			100%	85%	70%		
1	风管制作	20					
2	风管及其部件、支吊架安装	20					
3	设备及配件安装	20					
4	空调水管道安装	20					
5	风管及管道保温	20					

检查结果	权重值20分。 应得分合计: 实得分合计: 　　　通风与空调工程观感质量评分=$\dfrac{实得分}{应得分} \times 20 =$ 　　　　　　　　　　　评价人员: 　　　　　　　　　　　　　　　　　年 月 日

第四节 电梯安装工程质量评价

一、电梯安装工程性能检测

（一）电梯安装工程性能检测项目

1. 电梯、自动扶梯（人行道）电气装置接地、绝缘电阻测试；
2. 层门与轿门试验；
3. 曳引式电梯空载、额定载荷运行测试；
4. 液压式电梯超载和额定载荷运行测试；
5. 自动扶梯（人行道）制停距离测试。

这些项目都是重要的而且可以在安装完成以后，进行检测的电梯、自动扶梯的主要技术性能和安全运行性能，是从有关电梯检测项目中选出来的部分项目进行抽测，是代表了电梯性能的项目。

（二）电梯安装工程性能检测项目检查标准

1. 电梯、自动扶梯（人行道）电气装置接地、绝缘电阻测试

电梯、自动扶梯（人行道）的动力主要是电气电源，是保证电梯正常运行的必备条件。安全用电对保证电梯正常运行及人生安全十分重要，必须绝对保证安全。质量验收规范将这一条作为强制性条文，在电气装置验收时必须检测达到标准要求，否则电梯不能进行试运行等工作。

所有电气设备接地及导管、线槽的外露可导电部分均必须可靠接地（PE），接地支线应分别直接接至接地干线线柱上，不得互相连接后再接地。

应测量不同回路导线对导线，导线对地的绝缘电阻，导体之间和导体对地之间的绝缘电阻应大于 $1000\Omega/V$，且其值必须大于：

1) 动力电路和电气安全装置电路 $0.5M\Omega$；
2) 其他电路（控制、照明、信号等）$0.25M\Omega$。

在一般情况下，实测接地电阻值不大于 4Ω 为合格。

电气接地电阻测试可参照测试记录表，见表 8-49。

电气线路绝缘电阻测试，线路绝缘测试可参照测试记录表，见表 8-50；电梯电气线路敷设绝缘电阻测试可参照测试记录表，

见表8-51。

电气接地电阻测试记录

工程名称: 表8-49

施工单位				测试日期		
分部工程名称				分项工程名称		
施工图号				测试仪器型号、精度		
测试部位	接地性质	接地电阻(Ω)		测试环境		结 论
		设计值	实测值	温度(℃)	天气情况	

简图或备注:

试验结果

监理(建设)单位:	施工单位:
	安装项目技术负责人:
专业监理工程师:	
(建设单位(项目)负责人):	施工员:
	质检员:
年 月 日	年 月 日

施工单位测试,监理单位参加。

线路绝缘电阻测试记录

表 8-50

工程名称：

施工单位		施工日期	
分部工程名称		分项工程名称	
施工图号		检查部位	

执行的仪器型号、精度										

线路编号	线路型号、规格、敷设方法	绝缘电阻(MΩ)								
		AB	BC	CA	AN	BN	CN	APE	BPE	CPE	NPE
试验结果											

监理(建设)单位：	施工单位：
专业监理工程师： (建设单位(项目)负责人)：	安装项目技术负责人： 施工员： 质检员：
年 月 日	年 月 日

施工单位测试，监理单位参加。

电缆敷设绝缘电阻测试记录

工程名称: 表 8-51

施工单位							施工日期			
分部工程名称							施工图号			

电缆编号	规格型号	起点	终点	敷设方式	电缆头形式	中间头数量	绝缘电阻(MΩ)			长度(m)
							相间	对零	对地	

电缆支架安装记录：

1) 电缆支架最上至竖井顶部或楼板的距离为_____ m；
2) 电缆支架最下至沟底或地面的距离为_____ m；
3) 电缆支架间最小距离为_____ m。

测试结果	

监理(建设)单位：	施工单位：
专业监理工程师：	安装项目技术负责人：
(建设单位(项目)负责人)：	施工员：
	质检员：
年 月 日	年 月 日

施工单位测试，监理单位参加。

2. 层门与轿门试验

曳引式液压或电梯层门与轿门试验是电梯质量验收规范的强制性条文,是电梯安装工程质量评价项目中的否决项目,其检测结果必须达到设计要求,评为一档。凡这些项目不能满足规范要求的,电梯安装工程质量不能评为优良,单位工程质量也不能评为优良。所以,这项质量指标经检测试验必须全部达到要求。即每层层门必须能够用三角钥匙正常开启;同时,当一个层门或轿门(在多扇门中任何一扇门)非正常打开时,电梯严禁启动或继续运行。这是保证乘梯人身安全的最重要的措施,必须有经过监理认可的试验资料,其试验结果必须安全可靠,也可现场进行抽查测试,其试验可参考电梯层门安全装置检验记录,见表8-52。

3. 曳引式电梯空载,额定载荷运行测试

电梯安装后应进行运行试验,轿厢分别在空载、额定载荷工况下,按产品设计规定的每小时启动次数和负载持续率各运行1000次(每天不少于8h),电梯应运行平稳、制动可靠,连续运行无故障,平层准确度应符合要求、运行速度符合要求、限速器安全钳联动必须符合要求。

在试运行的同时,还应对运行速度应符合要求。当电源为额定频率和额定电压,轿厢载有50%额定载荷时,向下运行至行程中段(除去加速、减速段)时的速度,不应大于额速度的105%,且不应小于额速度的92%。以及限速器安全钳联动必须符合要求,对瞬时式安全钳,轿厢载有额定载荷,对渐进式安全钳,轿厢载有125%额定载荷,轿厢以检修速度下行,人为使限速器机械动作时,安全钳应可靠动作,轿厢必须可靠制动,且轿厢倾斜度不大于5%。

其试验结果可检查试验记录,也可现场抽样试验。试验记录可参照电梯运行试验记录,见表8-53。

4. 液压式电梯超载和额定载荷运行测试

液压式电梯安装后的运行试验方法及要求同曳引式电梯。电梯安装后应进行运行试验,轿厢分别在空载、额定载荷工况下,按产

电梯层门安全装置检验记录

表 8-52

工程名称：

安装单位					检验日期			
层、站门	—	开门方式		中分旁开	开门宽度 B（mm）		门扇数	
门锁装置铭牌制造厂名称					有效期至			
形式试验标志及试验单位								

层站	开门时间	关门时间	联锁安全触点				啮合长度		自闭功能		关门阻止力	紧急开锁装置	层门地坎护脚板
			左1	左2	右1	右2	左	右	左	右			
标准	≥S		每扇门齐全可靠				≤7mm		灵活可靠		≥150N	安全可靠	平整光滑

开门宽度（mm）	$B≤800$	$800<B≤1000$	$1000<B≤1100$	$1000<B≤1300$
中分 开关门时间≤	3.2s	4.0s	4.3s	4.9s
旁开 开关门时间≤	3.7s	4.3s	4.9s	5.9s

监理(建设)单位：	施工单位：
专业监理工程师： (建设单位(项目)负责人)：	安装项目技术负责人： 施工员： 质检员：
年 月 日	年 月 日

施工单位测试，监理单位参加。

电梯运行试验记录

表 8-53

工程名称：

安装单位				试验日期		
电梯编号		层站		额定载荷 (kg)		额定速度 (m/s)
电机功率 (kW)		电流 (A)		额定转速 (r/min)		实测速度 (m/s)
仪表型号	电流表：		电压表：		转速表：	

工况荷重		运行方向	电压 (V)	电流 (A)	电机转速 (r/min)	轿厢速度 (m/s)
％	kg					
0		上				
		下				
25		上				
		下				
40		上				
		下				
50		上				
		下				
75		上				
		下				
100		上				
		下				
110		上				
		下				
		上				
		下				

当轿内的载重量为额定载重量的 50％下行至全行程中部时的速度不得大于额定速度的 105％，且不得小于额定速度的 92％。（可测曳引线速度，或按 GB/T 10059 中 5.1.2 公式计算）

注：仅测量电流，用于交流电动机；测量电流并同时测量电压，则用于直流电动机。

监理（建设）单位： 专业监理工程师： （建设单位（项目）负责人）： 年 月 日	施工单位： 安装项目技术负责人： 施工员： 质检员： 年 月 日

施工单位测试，监理单位参加。

品设计规定的每小时启动次数和负载持续率各运行 1000 次(每天不少于 8h)，电梯应运行平稳、制动可靠，连续运行无故障，平层准确度应符合要求、运行速度符合要求、限速器安全钳联动必须符合要求。

运行速度，空载上行速度和上行额定速度的差值不应大于上行额定速度的 8%；额定载荷的轿厢下行速度和下行额定速度的差值不应大于下行额定速度的 8%。

限速器(安全绳)安全钳联动必须符合要求，其要求同曳引式电梯。超载试验时，当轿厢有 120% 额定载荷时，液压电梯严禁启动。可检查试验记录，也可现场抽样试验。注意液压电梯额定载荷质量与轿厢最大有效面积的关系，载荷不应超过轿厢最大有效面积对应的额定载重量。试验记录可参照电梯运行试验记录表，见表 8-53。电梯运行试验曲线图可参照表 8-53 附表进行记录。

5. 自动扶梯(人行道)制停距离试验。

(1) 空载制动试验，制停距离应符合表 8-54。

空载制停距离　　　　　　　　　　表 8-54

额定速度(m/s)	制停距离范围(m)	
	自动扶梯	自动人行道
0.5	0.20~1.00	0.20~1.00
0.65	0.30~1.30	0.30~1.30
0.75	0.35~1.50	0.35~1.50
0.90	—	0.40~1.70

注：若速度在上述数值之间，制停距离用插入法计算。制停距离应从电气制动装置动作开始测量。

(2) 自动扶梯、人行道按制造商提供的载有制动载荷计算的制停距离的制动载荷见表 8-55，其制停距离应符合表 8-54 的规定。

电梯运行试验曲线图　　　　　附表

工程名称				安装单位		
额定载荷(kg)		平衡系数(%)			平衡载荷(kg)	

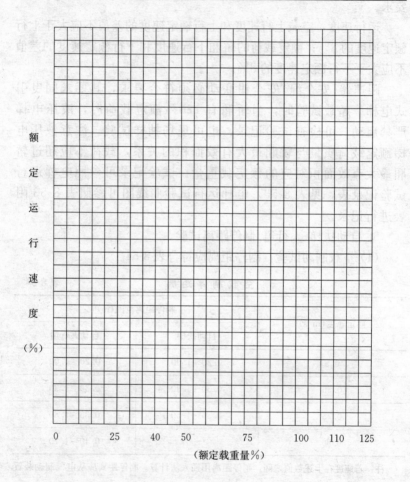

安装技术负责人：	审核：	绘制：
年　月　日	年　月　日	年　月　日

安装单位填写，监理单位参加。

制 动 载 荷 表 8-55

梯级、踏板或胶带的名义宽度(m)	自动扶梯每个梯级上的载荷(kg)	自动人行道每0.4m长度上的载荷(kg)
Z≤0.6	60	50
0.6<Z≤0.8	90	75
0.8<Z≤1.1	120	100

注： 1 自动扶梯受载的梯级数量由提升高度除以最大可见梯级踢板高度求得，在试验时允许将总制动载荷分布在所求得的2/3的梯级上；
  2 当自动人行道倾斜角度不大于6°，踏板或胶带的名义宽度大于1.1m时，宽度每增加0.3m，制动载荷应在每0.4m长度上增加25kg；
  3 当自动人行道在长度范围内有多个不同倾斜角度(高度不同)时，制动载荷应仅考虑到那些能组合成最不利载荷的水平区段和倾斜区段。

在试运行的同时，还应注意：

1) 应对额定频率和额定电压下，梯级、踏板或胶带运行方向空载时的速度与额定速度之间的偏差为±5%，扶手带的运行速度相对梯级、踏板或胶带的速度允许偏差为0～+2%。

2) 在发生下列情况下，自动扶梯、人行道必须自动停止运行。且第4款至第11款情况下的开关断开的动作必须通过安全触点或安全电路来完成。

 ① 无控制电压；

 ② 电路接地的故障；

 ③ 过载；

 ④ 控制装置在超速和运行方向非操纵逆转下运作；

 ⑤ 附加制动器(如果有)运作；

 ⑥ 直接驱动梯级、踏板或胶带的部件(如链条或齿条)断裂或过分伸长；

 ⑦ 驱动装置与转向装置之间的距离(无意性)缩短；

 ⑧ 梯级、踏板或胶带进入梳齿板处有异物夹住，且产生损坏梯级、踏板或胶带支撑结构；

 ⑨ 无中间出口的连续安装的多台自动扶梯、自动人行道中的一台停止运行；

 ⑩ 扶手带入口保护装置运作；

 ⑪ 梯级或踏板下陷。

自动扶梯、自动人行道整机运行试验可参照整机运行试验记录，见表8-56。

自动扶梯、自动人行道整机运行试验记录

表8-56

工程名称：

安装单位		试验日期	

序	检查内容及标准规定要求		检查结果
1	在额定频率和额定电压下，梯级踏板或胶带的空载运行速度与额定速度之间的允许偏差≤±5%		
2	扶手带的运行速度相对于梯级、踏板或胶带的速度允许偏差为0～+2%		
3	空载运行，梯级、踏板或胶带及出入口盖板上1m处所测的噪声值应≤68dB(A)		
4	空载和有载下行的制停距离应在下列范围内：		
	额定速度(m/s)	制停距离范围(m)	实测(m)
	0.50	0.20～1.00	
	0.65	0.30～1.30	
	0.75	0.35～1.50	
	0.90	0.40～1.70(自动人行道)	
	若额定速度在上述数值之间，制停距离用插入法计算；制停距离应从电气制动装置动作时开始测量		
5	各连接件、紧固件无松动、无异常响声，运行平稳；所有梯级、踏板或胶带应顺利通过梳齿板，与围裙板无刮碰现象；相临梯级踏板与踢板的啮合过程无摩擦		
6	空载情况下，连续上下运行2h，电动机、减速器温升≤60℃，油温≤85℃。各部件运行正常，不得有任何故障发生		
	手动或自动加油装置应油量适中，工作正常		
7	功能试验应根据制造厂提供的功能表进行，应齐全可靠		
8	扶手带材质应耐腐蚀，外表面应光滑平整，无刮痕，无尖锐物外露		
9	对梯级(踏板或胶带)、梳齿板、扶手带、护壁板、围裙板、内外盖板、前沿板及活动盖板等部位的外表面应清理		

监理(建设)单位：	施工单位：
专业监理工程师： (建设单位)(项目)负责人：	安装项目技术负责人： 施工员： 质检员：
年 月 日	年 月 日

施工单位试验，监理单位参加。

(三) 电梯安装工程性能检测评价

电梯安装工程性能检测项目按要求检测完成，或检查电梯安装单位进行检测，并由监理单位审查认可的检测记录，各检测项目达到要求，且第 2 项(否决项)必须全部达到要求，然后按标准 3.5.1 条的规定进行统计评分，见表 8-57。

电梯安装工程性能检测评分表　　　　表 8-57

工程名称		施工阶段		检查日期		年 月 日
施工单位				评价单位		

序号	检查项目	应得分	判定结果		实得分	备注
			100%	70%		
1	电梯、自动扶梯(人行道)电气装置接地、绝缘电阻测试	30				
2	层门与轿门试验	40				
3	曳引式电梯空载、额定载荷运行测试	30				
4	液压电梯超载和额定载荷运行测试	(30)				
5	自动扶梯(人行道)制停距离测试	(30)				

检查结果	权重值 30 分。 应得分合计： 实得分合计： 电梯安装工程性能检测评分 = $\dfrac{实得分}{应得分} \times 30 =$ 评价人员： 　　　　　　　　　　　　　　　　　年 月 日

二、电梯安装工程质量记录

(一) 电梯安装工程质量记录项目

1. 设备、材料出厂合格证、安装使用技术文件和进场验收记录

(1) 土建布置图；

(2) 电梯产品(整机)出厂合格证；

(3) 重要(安全)零(部)件和材料的产品出厂合格证及形式试验证书；

(4) 安装说明书(图)和使用维护说明书；

(5) 动力电路和安全电路的电气原理图、液压系统图(如有液压电梯时)；

(6) 装箱单；

(7) 设备、材料进场(含开箱)检查验收记录。

2. 施工记录

(1) 机房(如有时)、井道土建交接验收检查记录；

(2) 机械、电气、零(部)件安装隐蔽工程验收记录；

(3) 机械、电气、零(部)件安装施工记录；

(4) 分项、分部(子分部)工程质量验收记录。

3. 施工试验

(1) 安装过程的机械、电气零(部)件调整测试记录；

(2) 整机运行试验记录。

这些质量记录都是电梯出厂和安装必须有的资料，证明或说明电梯安装的有关质量情况。电梯安装和其他安装不同的是土建井道对其影响较大，土建的布置图、机房、井道的验收记录以及电梯零部件的产品质量等，是影响电梯质量的重要方面。

(二) 电梯安装工程质量记录检查标准

1. 设备、材料出厂合格证、安装使用技术文件和进场验收记录

前6项是随机文件，进场验收时应注意收集完整，以便提供检查评价。主要是电梯(整机配套)产品的合格证、安装和使用维护说明书、动力线路图、液压系统图、装箱单等。

土建布置图土建施工前建设单位应组织设计、监理、土建、安装单位进行会审，对土建的井道、机房、底坑、门洞尺寸等进行核对，在施工中落实，以免影响电梯安装。

进场验收要对照订货合同对设备、零部件的物品及随机文件

进行清点及验收。包括全部零部件、配件、材料，主要是重要零部件、安全部件(门锁装置、限速器、上行限速开关、安全钳、缓冲器等)扶手带的形式试验证书、强度证明文件，轿厢、壁、层门用的玻璃、电线电缆的合格证。有关安装、使用维护说明书，动力电路、安全电路电气原理图、液压系统图及装箱单等。符合设计和合同约定后签字验收，并经监理审查认可，形成的进场验收文件。

2. 施工记录

(1) 机房、井道、自动扶梯、自动人行道土建交接验收记录，其内容应符合土建交接检验的要求、土建提供的土建布置图、井道的空间尺寸、水平基准线标识、机房门窗防风雨功能、内墙、地板、照明等、机座大梁、底坑、门洞、预留洞孔位置、预留管线、吊环、导轨支架位置、尺寸、规格等的尺寸偏差；自动扶梯井道周边护栏等；预埋件的数量、埋设位置、牢固性；主电源提供的开关位置及装置等质量情况。对照图纸测量验收，符合要求，形成的经双方签字的监理见证的资料。

(2) 安装隐蔽工程主要是导轨的预埋件、驱动主机承重梁的搁置长度不少于75mm，电线的预埋等，由安装单位检查记录，监理审查认可的资料。

(3) 电梯、自动扶梯、人行道安装施工记录，主要有驱动主机安装、液压系统泵站、油缸顶升机构、管路、油箱、阀门、导轨及支架安装、门系统安装、安全部件的安装、限速器、安全钳、缓冲器、轿厢、对重、悬挂装置与补偿器装置，机房、井道、层站等有关电气装置。自动扶梯(人行道)的桁架、梯级(踏板、胶带)梳齿板、围裙板、护壁板、盖板、扶手支架及导轨零部件安装记录等。整机安装的施工过程情况及有关安装质量、尺寸、准确程度等的记录。

(4) 分项工程及分部工程(单梯)验收记录，包括曳引式、液压式、自动扶梯、自动人行道的验收记录，由安装单位自检合格，经监理单位审核认可的资料。

3. 施工试验

(1) 安装过程的机械、电气零(部)件检验、试验、调整测试记录等。

1) 过程零部件调整测试主要有：制动器间隙、阻止关门力、锁紧元件的最小啮合长度、开关门时间、门刀与层门地坎、门锁滚轮与轿厢地坎的间隙、曳引绳(带)张力偏差，控制及信号功能等调试记录。

2) 电梯安全保护装置检验验收记录。

断相、错相保护装置、短路及过载保护装置、限速器、安全钳、缓冲器、上下极限开关，以及有关安全开关、限速器安全钳联动试验，曳引能力、液压超载试验等。

3) 自动扶梯、自动人行道检验验收记录。紧急停止装置扶手带入口保护装置、梳齿板异物卡入保护装置、梯级(踏板)下陷保护装置、运行超速保护装置等调试记录。

(2) 整机运行试验记录。曳引式、液压式电梯、自动扶梯、自动人行道各种载荷负载率下的运行可靠性，运行电压、电流、速度、平衡系数、起动和制动、运行开关噪声、平层准确度、速度等，液压梯的工作压力、自动扶梯和扶手带的运行速度等试验记录。

(三) 电梯安装工程质量记录资料汇总及评价

上述施工记录的资料，按照质量验收规范要求的相应内容，分别进行检查，多数资料是施工单位自评合格后，经监理单位核验认可的资料，主要是分部工程(单机验收)质量验收的记录表，有关检验项目的记录表，检查其资料的内容是否达到规范要求，其数量能否满足规范要求，来说明施工过程的管理是有效的，施工的有关项目质量是符合规范规定的，有关质量记录可借助辅助表进行汇总审查，见表8-58。

审查合格后，再按标准第3.5.2条的标准规定，判定其档次，填入电梯安装工程质量记录评分表，进行统计分析，见表8-59。表8-58可附在表8-59后边，作为评分的依据。

电梯安装工程质量记录资料汇总表　　表 8-58

序号	资料项目名称	份数及编号	判定内容	判定情况
1. 设备、材料合格证、及进场验收记录	土建布置图			
	电梯(整机)出厂合格证			
	重要(安全)零(部)件合格证及形式试验报告			
	安装及使用维护说明书			
	动力电路图、安全电路的电气原理图、液压系统图			
	装箱单			
	设备、材料进场(含开箱)检查验收记录			
2. 施工记录	土建交接记录			
	安装隐蔽记录			
	驱动主机、导轨、门系统、安全部件、整机安装等施工记录			
	分项工程质量验收记录			
	分部工程(或单梯)质量验收记录			
3. 施工试验	安装过程的机械、电气零(部)件调试主电源开关切断使用情况检测记录			
	导轨安装基准线控制记录			
	电梯安全保护装置检验验收记录			
	自动扶梯、自动人行道检验验收记录			
	曳引式、液压式电梯、自动扶梯、自动人行道整机试运行记录			

汇总人：　　　年 月 日

电梯安装工程质量记录评分表

表 8-59

工程名称				施工阶段			检查日期	年 月 日
施工单位							评价单位	

序号	检查项目		应得分	判定结果			实得分	备注
				100%	85%	70%		
1	设备、材料出厂合格证、安装使用技术文件和进场验收记录	土建布置图	5					
		电梯产品(整机)出厂合格证	5					
		重要(安全)零(部)件和材料的产品出厂合格证及形式试验证书	5					
		安装说明书(图)和使用维护说明书	3					
		动力电路和安全电路的电气原理图、液压系统图	5					
		装箱单	2					
		设备、材料进场(含开箱)检查验收记录	5					
2	施工记录	机房、井道土建交接验收检查记录	10					
		机械、电气零(部)件安装隐蔽工程验收记录	10					
		机械、电气、零(部)件安装施工记录	10					
		分项、分部(子分部)工程质量验收记录	10					
3	施工试验	安装过程的机械、电气零(部)件调整测试记录	15					
		整机运行试验记录	15					
检查结果	权重值30分。 应得分合计： 实得分合计： 电梯安装工程质量记录评分＝$\dfrac{实得分}{应得分}\times 30=$ 评价人员： 年 月 日							

三、电梯安装工程尺寸偏差及限值实测

(一) 电梯安装工程尺寸偏差及限值实测项目

电梯安装工程的实测项目相对较少，电梯安装实测项目只是选取了三个项目来实测。其项目是：

1. 层门地坎至轿厢地坎之间水平距离；
2. 平层准确度；
3. 扶手带的运行速度相对梯级、踏板或胶带的速度允许偏差。

(二) 电梯安装工程尺寸偏差及限值实测检查标准。

1. 层门地坎至轿厢地坎之间水平距离。

层门地坎至轿厢地坎之间的水平距离偏差为 $0\sim+3mm$，且最大距离 $\leqslant 35mm$。层门地坎至轿厢地坎之间距离，安装前应提出控制值，设置限制距离，以不挂碰为原则，但最大严禁超过 35mm，在这个范围内，水平距离偏差为 $0\sim+1mm$，为一档；偏差超过 $+1mm$，但不超过 $+3mm$ 的为三档。

2. 平层准确度。

平层准确度和电梯的速度有关。

当额定速度 $V\leqslant 0.63m/s$ 的交流双速梯和其他交直流调速方式的电梯，平层准确度偏差规范规定应在 $\pm 15mm$，标准规定偏差不超过 $\pm 5mm$，为一档；偏差超过 $\pm 5mm$，但不超过 $\pm 10mm$，为二档；偏差超过 $\pm 10mm$，但不超过 $\pm 15mm$，为三档。

当 $0.63m/s\leqslant$ 额定速度 $V\leqslant 1.0m/s$ 的交流双速梯，平层准确度偏差，规范规定为 $\pm 30mm$。标准规定，偏差不超过 $\pm 10mm$，为一档；偏差超过 $\pm 10mm$，但不超过 $\pm 20mm$，为二档；偏差超过 $\pm 20mm$，但不超过 $\pm 30mm$，为三档。

3. 扶手带的运行速度相对梯级、踏板或胶带的速度允许偏差，规范规定为 $0\sim+2\%$。扶手带的速度不能比梯级、踏板或胶带的速度慢，但快多了也不行，不能大于相应速度的 $+2\%$。标准规定：偏差在 $0\sim+0.5\%$ 的为一档；偏差在 $0\sim(0.5\sim1.0)\%$ 的为二档；偏差在 $0\sim+(1\sim2)\%$ 的为三档。

(三) 电梯安装工程尺寸偏差及限值实测评价

电梯安装工程尺寸偏差及限值实测，将安装单位自检合格，监理

单位审查认可的电梯分项工程质量验收表中的有关数据摘录,填入实测汇总辅助表,见表8-60。按照检查标准判定档次,将判定结果填入电梯安装工程尺寸偏差及限值实测评价表,进行统计分析,见表8-61。

电梯安装工程尺寸偏差及限值实测汇总表　　　表8-60

序号	尺寸偏差及限值项目	尺寸偏差及限值实测数值	数据分析
1	层门地坎至轿厢地坎之间水平距离		
2	平层准确度		
3	扶手带的运行速度相对梯级、踏板或胶带的速度允许偏差		

汇总人：　　　　年　月　日

电梯安装工程尺寸偏差及限值实测评分表　　　表8-61

工程名称		施工阶段				检查日期	年 月 日
施工单位						评价单位	
序号	检查项目	应得分	判定结果			实得分	备注
			100%	85%	70%		
1	层门地坎至轿厢地坎之间水平距离	50					
2	平层准确度	50					
3	扶手带的运行速度相对梯级、踏板或胶带的速度差	(100)					
检查结果	权重值10分。 应得分合计： 实得分合计： 电梯安装工程尺寸偏差及限值实测评分=$\frac{实得分}{应得分}\times 10=$ 评价人员：　　　　　　　　　　　　　　　　年　月　日						

四、电梯安装工程观感质量

（一）电梯安装工程观感质量检查项目

电梯安装工程观感质量检查内容较多,细的项目不便列出来,故只列出大的项目,其检查内容参照《电梯工程施工质量验收规范》的内容进行检查,其项目为：

1. 曳引式、液压式电梯

(1) 机房(如有时)及相关设备安装;
(2) 井道及相关设备安装;
(3) 门系统和层站设施安装;
(4) 整机运行。

2. 自动扶梯(人行道)
(1) 外观;
(2) 机房及其设备安装;
(3) 周边相关设施;
(4) 整机运行。

(二) 电梯安装工程观感质量检查标准

曳引式、液压式电梯:

1. 机房及其相关设备安装

(1) 机房及其环境设施:机房无渗漏水(雨),不起尘,地面防滑,分隔(含防火分隔)正确(合理);环境清洁,通道畅通,设备布置合理美观;机房电气照明和检修电源插座配置齐全,便于操作,照度符合要求,通风良好,钢丝绳与楼板孔洞间隙为20~40mm且间隙均匀,孔洞四周凸出的台阶(台缘)高度不小于50mm且光滑平整;工作平台护栏和楼梯配置安全合理,检修活板门设置安全合理。

(2) 驱动主机及液压泵站:机房及无机房设备安装正确,表面清洁,油漆完整;可拆卸装置便于操作及放置,标识清晰;转动部件防护可靠,警示和轿厢升降方向标志正确清晰;驱动主机油杯、油标等润滑装置齐全有效,减速箱内油量在规定的范围内,减速箱伸出轴处漏油在标准允许范围内,箱体其余各处无漏油现象;液压泵站及液压管道安装连接可靠,无渗漏油,油箱油位及系统压力显示清晰、正确。

(3) 井道及机房电气装置:控制(配电)柜(箱)布置符合相关技术标准及设计文件(含土建布置图)的规定;主电源开关选配及控制范围正确;地线和零线分开敷设;所有电气设备及导管、线槽等装置的外露可导电部分可靠接地(含电气跨接);电气接地施工的选材及工艺符合相关的电气施工质量标准规定且观感良好;导管、线槽敷设整齐牢固,导管、线槽选择合理,固定间距符合要求。

2. 井道及其相关设备安装

(1) 井道及底坑：井道内不得装设水管、蒸汽管及与电梯无关的设备、电缆等；有启闭电气联锁装置的层门和安全门设置正确，电气安全装置可靠；电梯零部件表面整洁美观，无明显锈蚀；电气照明及控制开关装置、电源插座安装正确，功能符合要求；多台电梯井道防护隔障设置正确；底坑防渗漏良好、环境清洁，悬空底坑安全设施齐全有效。

(2) 轿厢、对重、悬挂装置、随行电缆及补偿装置：轿顶防护栏及警示标识的配置正确可靠；玻璃轿壁的护栏设置正确可靠；轿厢和对重反绳轮设置的防护(挡绳)装置齐全可靠；绳头组合的防止螺母松动和脱落装置齐全，且连接牢固；钢丝绳无死弯；随行电缆连接牢固，无打结和波浪扭曲，运行中不与其他部件干涉，当轿厢完全压在缓冲器上时，随行电缆不接触底坑。

3. 门系统和层站设施安装

(1) 门扇与门扇、门扇与门套、门扇与门楣、门扇与门口处轿壁、门扇下端与地坎间隙符合相关技术标准要求(客梯不大于6mm，货梯不大于8mm)且各自的间隙在整个长度上基本一致；层门、轿门开关平顺，运行中无刮碰现象；门扇、门套、门楣表面整洁，无明显损伤、锈蚀，与建筑装饰的配合协调美观。

(2) 层门指示灯、召唤按钮和消防开关等安装正确，信号清晰，面板与墙面贴紧，横竖端正。

4. 整机运行

运行平稳、停层准确、制动可靠、舒适感好；轿厢内选层、报警对讲装置动作灵活可靠，显示(指示)正确清晰；轿厢内通风和照明功能满足使用要求。

自动扶梯(人行道)：

1. 外观。梯级(踏板或胶带)、围裙板、扶手带等外表整洁美观，无刮痕等损伤。

2. 机房及其设备。机房内设备布置正确、合理，环境清洁，维修保养空间满足要求；相关机械、电气零部件安装外观良好。

3. 周边相关设施。出入口及周边相关设施(包括出入口地面、周边护栏、屏障、桁架侧面和底部封板等装饰)的设置正确、功能完善可靠、整洁美观；警示标识(标志)规范、醒目。

4. 整机运行。运行平稳、舒适，无异常刮碰和异常响声(噪声)；换向运行功能符合要求。

(三) 电梯安装工程观感质量评价

电梯安装工程观感质量检查，按规定选择评价点数，多数是将经安装单位自检合格，监理单位审查认可的分部工程(或单梯验收)质量验收表中的有关观感质量验收的检查点结果，以及现场抽查的情况，进行综合评价。按照检查点的评价情况，按照检查标准，分别评出好、一般、差的检查点的质量等级，统计后填入电梯安装工程观感质量检查辅助表，见表8-62，再按照标准第3.5.4条的规定，评价出一、二、三档来，填入电梯安装工程观感质量评分表，见表8-63。

电梯安装工程观感质量检查辅助表　　　表8-62

序号	检查项目		检查点检查结果				检查依据		检查结果
			检查点数	好的点数	一般的点数	差的点数	分部(单梯)验收记录	现场检查记录	
1. 曳引式、液压式电梯	(1) 机房及相关设备	机房及其环境							
		驱动主机及油压泵站							
		电梯装置(机房井道)							
	(2) 井道及相关设备	井道及底坑							
		轿厢、对重、悬挂装置、随行装置及补偿器装置							
	(3) 门系统及层站	门及门套							
		层门指示灯及召唤按钮							
	(4) 整机运行								
2. 自动扶梯	(1) 外观								
	(2) 机房及其设备								
	(3) 周边相关设施								
	(4) 整机运行								

汇总人：　　　年　月　日

电梯安装工程观感质量评分表　　　　表8-63

工程名称			施工阶段		检查日期	年 月 日
施工单位					评价单位	

序号	检查项目		应得分	判定结果			实得分	备注
				100%	85%	70%		
1	曳引式、液压式电梯	机房(如有时)及相关设备安装	30					
		井道及相关设备安装	30					
		门系统和层站设施安装	20					
		整机运行	20					
2	自动扶梯(人行道)	外观	(30)					
		机房及其设备安装	(20)					
		周边相关设施	(30)					
		整机运行	(20)					
检查结果	权重值20分。 应得分合计： 实得分合计： 　　电梯安装工程观感质量评分＝$\frac{实得分}{应得分}\times 20=$ 　　评价人员：							年 月 日

第五节　智能建筑工程质量评价

一、智能建筑工程性能检测

（一）智能建筑工程性能检测项目

1. 系统检测；

2. 系统集成检测；

3. 接地电阻测试。

智能建筑工程性能检测项目很多，评价标准经过筛选就选择了上述三项，只要这三项检测能通过，智能建筑工程的总体质量和使用安全就能基本得到保证。

（二）智能建筑工程性能检测检查标准

1. 系统检测

智能建筑工程性能检测应遵循"先产品、后系统；先各系统，后系统集成"的顺序进行。先产品是控制用于工程的产品，合格的符合设计要求的；后系统是基本的测试单元，系统集成是综合效果。所以，对于工程每个系统是体现使用功能的基本载体，又便于分清责任、查找原因及时进行改进，各系统检测合格了，系统集成检测才有保证。系统检测的前提条件有：系统安装调试已完成，已进行了初验试验和规定时间试运行；已提供了相应技术文件和工程实施及质量控制和试运行记录；已拟定了检测方案，检测设备已进行了核准等。系统检测是智能建筑质量评价的否决项目，其检测结果必须达到设计要求，评为一档。

系统检测包括的系统有：

通信网络系统工程；

信息网络系统工程；

建筑设备监控系统工程；

火灾自动报警及消防联动系统工程；

安全防范系统工程；

综合布线系统工程等。

（1）通信网络系统工程检测

1）通信网络系统工程检测。

通信网络系统工程检测，主要包括通信系统、卫星数字电视及有线电视系统和公共广播与紧急广播系统三项。

2）通信网络系统工程检测检查标准。

系统检测主要是初试试验合格的基础上，所做的试运行验收测试。

① 程控电话系统工程检测检查标准

程控电话系统试运行阶段应从初验测试完成、割接开后开始，不少于3个月时间对质量稳定性检验，试运行检测的主要指标和性能应达到《智能建筑弱检测规程》CECS 182：2005 的规定。如果主要指标不符合要求，应重新进行试运行。试运行接入设备容量不少于 20% 的用户联网运行。试运行观察指标：

  a. 硬件故障率按用计每月应不大于 0.1 次/100 门。

  b. 系统自动再启动应符合指标要求，见表 8-64。

系统再启动指标要求   表 8-64

类 别	第一月 全局处理机		第二月 全局处理机		第三月 全局处理机	
	1～3 对	3 对以上	1～3 对	3 对以上	1～3 对	3 对以上
次 要	3	4	2	3	2	3
严 重	1	2	1	1	0	1
再装入	0	1	0	0	0	0

  c. 计费差错率应不大于 10^{-4}。

  d. 交换网络非正常倒换指标不大于：第一月 2 次；第二月 1 次；第三月 1 次，总计 4 次。

  e. 在试运行阶段不得出现由于设备原因而进行人工再装入和最高级人工再启动。

  f. 在试运行期间，不应产生由于软件设计错误造成的故障。

  g. 分群设备的可靠性指标与初验测试阶段指标相同。软件测试故障 $\leqslant 8$ 个/月；元件等更换次数 $\leqslant 0.05$ 次/100 户。

  h. 试运行通话测试，每月测一次，10 对话机连续通话在 48h 后通话电路正常，计费正确。

  ② 卫星数字电视及有线电视系统工程检测检查标准

  卫星数字电视及有线电视系统质量评价采用主观质量评价和客观检测，根据系统规模分为四类，输出口数在 10000 点以上为 A 类，2001～10000 点之间为 B 类，300～2000 点之间为 C 类，300 点以下为 C 类。检测点的最小数量，A、B 类每 1000 点输出口中选 1～3 个测点，C 类 2 个点，D 类为 1 个点。其中 1 点选在主干线最后 1 个分配放器之后。

  a. 系统质量的主观评价指标及检查标准

  系统主观质量评价技术指标及标准，见表 8-65。

主观质量评价的主要技术指标及标准　　　　　　　　　　表 8-65

序号	项目名称	测 试 频 道	主观评价标准
1	系统输出电平（dBμV）	系统的所有频道	60～80
2	系统载噪比	系统总频道的10%且不少于5个，不足5个全检，且分布于整个工作频段的高、中、低段	无噪波，即无"雪花干扰"
3	载波互调比	系统总频道的10%且不少于5个，不足5个全检，且分布于整个工作频段的高、中、低段	图像中无垂直、倾斜或水平条纹
4	交扰调制比	系统总频道的10%且不少于5个，不足5个全检，且分布于整个工作频段的高、中、低段	图像中无移动、垂直或斜图案，即无"窜台"
5	回波值	系统总频道的10%且不少于5个，不足5个全检，且分布于整个工作频段的高、中、低段	图像无沿水平方向分布在右边一条或多条轮廓线，即无"重影"
6	色/亮度时延差	系统总频道的10%且不少于5个，不足5个全检，且分布于整个工作频段的高、中、低段	图像中色、亮信息对齐，即无"彩色鬼影"
7	载波交流声	系统总频道的10%且不少于5个，不足5个全检，且分布于整个工作频段的高、中、低段	图像中无上下移动的水平条纹，即无"滚道"现象
8	伴音和调频广播的声音	系统总频道的10%且不少于5个，不足5个全检，且分布于整个工作频段的高、中、低段	无背景噪音，如丝丝声、哼声、蜂鸣声和串音等

b. 系统质量客观测试

用示波器及专用设备对在主观评价中，确认不合格或争议较大的项目，可进行客观测试，以客观项目测试为准。

③ 公共广播与紧急广播系统检测检查标准

公共广播与紧急广播系统检测是在安装质量验收合格的基础上进行，采用主观评价和客观评价，多数情况是组织主观评价。

a. 系统检测项目

系统功能检测包括业务广播、背景音乐广播、紧急广播功能等。分层、分区功能，紧急广播优先等。

b. 主观质量评价音质评价标准

主观质量评价性能良好的扩音系统其音质能达到：

低音：150Hz 以下应是丰满、柔和而富有弹性；
中低音：150～500Hz，应是浑厚有力而不混浊；
中高音：500～5000Hz，应是明亮透彻而不生硬；
高音：5000Hz 以上，应是纤细、圆润而不尖锐刺耳。

c. 综合感觉效果

低音丰满、柔和、有弹性；中音有力而不混浊；高音通透明亮而不刺耳。要求一个平坦的频率响应特性。

对于人讲话：200～4000Hz/6300Hz，100Hz 以下要切除。

对音乐来说：音乐信号的频谱范围极宽，低音—中高音表现的是乐声的基音；高音表现的是乐声的泛音（谐波），表现为乐声细腻感、清晰度和声像定位。

客观评价必要时，可采用规定的测量方法对系统声特性进行测量。

④ 通信网络系统项目检测评价，可将施工单位自行检查通过，监理单位审核认可的检测记录，或委托检测单位进行的运行检测报告中有关检测项目的检测结果摘录下来进行判定。可参考通信网络系统检测项目记录表，见表 8-66。

(2) 信息网络系统工程检测主要包括计算机网络系统检测和网络安全系统检测。

1) 信息网络系统检测检查项目

计算机网络系统检测项目有连通性检测、路由检测、容错功能检测、网络管理功能检测。保证连通任一台设备；资源共享和信息交换，局域网用户与公用网的通信能力；保证路由设置的正确性；正确判断故障和自动恢复功能；具备设备自诊断功能，进行网络性能检测，提供网络节点的流量、广播率和错误率等参数。

网络安全系统应满足物理层安全、网络层安全、系统层安全、应用层安全等，以保证信息的保密性、真实性、完整性、可控性等信息安全性能。

2) 信息网络系统检测项目检查标准

使用安全产品认证的产品，安装前通过通电测试安装质量经过检查验收，调试完成后，应进行不少于 1 个月的试运行。在运行中进行有关项目的检测检验。

通信网络系统检测项目记录表　　表 8-66

单位(子单位)工程			施工执行标准及编号		
施工单位			项目经理		
序号	检测项目		检测记录		备注
1	程控电话系统	硬件故障率			
		系统再启动			
		计费差错率			
		硬件原因再启动			
		软件原因故障			
		分群设备可靠性			
		试运行模拟测试呼叫接通率,收费正确			
2	卫星电视及有线电视	系统输出电平			
		系统载噪比			
		载波互调比			
		交扰调制比			
		回波值			
		色/亮度时延差			
		载波交流声			
		伴音和调频广播声音			
3	公共广播与紧急广播系统	放声系统分布			
		音质音量	最高输出电平			
			输出信噪比			
			声压级			
			频宽			
		音响效果主观评价			
		系统功能	业务广播			
			背景音乐			
			紧急广播优先			

汇总人：　　　　　年　月　日

通信网络系统检测项目的数据，可将施工单位自行检查通过，监理单位审核认可的检测记录，或委托检测单位进行的运行检测报告中有关检测项目的检测结果摘录下来，进行判定。可参照通信网络系统检测项目记录表，见表 8.5.3。

3) 信息网络系统检测项目评价，可将施工单位自行检测通过，监理单位审核认可的检测记录或委托检测单位进行的运行检测报告中的检测结果，摘录下来进行判定，也可抽测一部分项目，以验证检测记录的准确性。有关检测项目的检测结果可参照信息网络系统检测项目记录表，见表 8-67。

(3) 建筑设备监控系统工程检测

建筑设备监控系统是对建筑内各类机电设备的运行情况监测、控制及自动化管理，以达到安全、可靠、节能和集中管理的目的。其项目主要有空调与通风系统、变配电系统、公共照明系统、给排水系统、热源及热交换系统、冷冻及冷却水系统、电梯和自动扶梯系统等。

建筑设备监控系统工程检测是在设备材料通过验收合格，工程竣工后安装质量经验收合格，设备现场配置和运行情况符合设计要求，监控系统试运行 1 个月后进行，其主要监控项目及内容：

1) 空调与通风系统功能检测

建筑设备监控系统应对空调系统进行温湿度及新风量自动控制、预定时间表自动启停、节能优化控制等控制功能进行检测。应着重检测系统测控点(温度、相对湿度、压差和压力等)与被控设备(风机、风阀、加湿器及电动阀门等)的控制稳定性、响应时间和控制效果，并检测设备连锁控制和故障报警的正确性。

检查其质量验收记录的有关项目，见表 8-68。被检测机组全部符合设计要求为检测合格。

2) 变配电系统功能检测

建筑设备监控系统应对变配电系统的电气参数和电气设备工作状态进行监测，检测时应利用工作站数据读取和现场测量的方法对电压、电流、有功(无功)功率、功率因数、用电量等各项参数的测量和记录进行准确性和真实性检查，显示的电力负荷及上述各参数的动态图形能比较准确地反映参数变化情况，并对报警信号进行验证。

信息网络检测项目记录表

表 8-67

单位(子单位)工程			施工执行标准及编号		
施工单位			项目经理		

序号		检测项目		检测记录	备注
1.计算机网络系统	1	网络设备连通性			
	2	路由检测			执行本规范第5.3.4条中规定
	3	容错功能检测	故障判断		执行本规范第5.3.5条中规定
			自动恢复		
			切换时间		
			故障隔离		
			自动切换		
	4	网络管理功能检测	设备连接图		执行本规范第5.3.6条中规定
			自诊断		
			节点流量		
			广播率		
			错误率		
2.网络安全系统	1	安全系统配置	防火墙		执行本规范第5.5.3条中规定
			防病毒		
	2	信息安全性	来自防火墙外模拟网络攻击		执行本规范第5.5.4条中规定
			对内部终端机防问控制		
			对公网络与控制网络的隔离		
			防病毒系统测试		
			入侵检测系统功能		
			内容过滤系统的有效性		
	3	应用系统安全性	身份认证		
			访问控制		
	4	物理层安全	安全管理制度		执行本规范第5.3.7条中规定
			中心机房的环境要求		
			涉密单位的保密要求		
	5	应用系统安全	数据完整性		执行本规范第5.3.8条中规定
			数据保密性		
			安全审计		

汇总人： 年 月 日

空调与通风系统检测记录表　　　　表 8-68

单位(子单位)工程名称				
施工单位			项目经理	
施工执行标准名称及编号				
	检测项目		检查评定记录	备注
1	空调系统温度控制	控制稳定性		检测数量为每类机组按总数20%抽检，且不得少于5台，不足5台时全部检测，抽检设备全部符合设计要求时为检测合格
		响应时间		
		控制效果		
2	空调系统相对湿度控制	控制稳定性		
		响应时间		
		控制效果		
3	新风量自动控制	控制稳定性		
		响应时间		
		控制效果		
4	预定时间表自动启停	稳定性		
		响应时间		
		控制效果		
5	节能优化控制	稳定性		
		响应时间		
		控制效果		
6	设备连锁控制	正确性		
		实时性		
7	故障报警	正确性		
		实时性		

汇总人：　　　年 月 日

被检参数合格率在100%时为检测合格。

对高低压配电柜的运行状态、电力变压器的温度、应急发电机组的工作状态、储油罐的液位、蓄电池组及充电设备的工作状态、不间断电源的工作状态等参数进行检测时，应全部检测，合格率为100%时为检测合格。检查其质量验收记录的有关项目，见表8-69。

3) 公共照明系统功能检测

建筑设备监控系统应对公共照明设备(公共区域、过道、园区和景观)进行监控，应以光照度、时间表等为控制依据，设置程序控制灯组的开关，检测时应检查控制动作的正确性；并检查其手动开关功能。

抽检数量合格率100%时为检测合格。检查其质量验收记录的有关项目，见表8-70。

变配电系统检测记录表   表8-69

单位(子单位)工程名称			
施工单位		项目经理	
施工执行标准名称及编号			

	检 测 项 目	检查评定记录	备 注
1	电气参数测量		各类参数按20%抽检,且不得少于20点,被检参数合格率100%时为检测合格
2	电气设备工作状态测量		
3	变配电系统故障报警		
4	高低压配电柜工作状态		
5	电力变压器温度		
6	应急发电机组工作状态		各类参数全部检测,被检参数合格率100%时为检测合格
7	储油罐液位		
8	蓄电池组及充电设备工作状态(100%)		
9	不间断电源工作状态		

汇总人：　　　　年　月　日

公共照明系统检测记录表   表8-70

单位(子单位)工程名称			
施工单位		项目经理	
施工执行标准名称及编号			

	检测项目		检查评定记录	备　注
1	公共照明设备监控	公共区域1		1. 以光照度或时间表为依据,检测控制动作正确性 2. 按照明回路20%抽检,且不得少于10路,抽检合格率100%时为检测合格
		公共区域2		
		公共区域3		
		公共区域4		
		公共区域5		
		公共区域6(园区或景观)		
		公共区域7(园区或景观)		
2	检查手动开关功能			

汇总人：　　　　年　月　日

4）给排水系统功能检测

建筑设备监控系统应对给水系统、排水系统和中水系统进行液位、压力等参数检测及水泵运行状态的监控和报警进行验证。检测时应通过工作站参数设置或人为改变现场测控点状态，监视设备的运行状态，包括自动调节水泵转速、投运水泵切换及故障状态报警和保护等项是否满足设计要求。

被检系统合格率100%时为检测合格，检查其质量验收记录有关项目见表8-71。

给排水系统检测记录表　　　　　　　　　　表8-71

单位(子单位)工程名称				
施工单位			项目经理	
施工执行标准名称及编号				
	检 测 项 目		检查评定记录	备　注
1	给水系统	参数检测 液位		按系统50%数量抽检，且不得少于5点，被检系统合格率100%时为系统检测合格
		压力		
		水泵运行状态		
		自动调节水泵转速		
		水泵投运切换		
		故障报警及保护		
2	排水系统	参数检测 液位		
		压力		
		水泵运行状态		
		自动调节水泵转速		
		水泵投运切换		
		故障报警及保护		
3	中水系统监控	液位		
		压力		
		水泵运行状态		

汇总人：　　年　月　日

5）热源和热交换系统功能检测

建筑设备监控系统应对热源和热交换系统进行系统负荷调节、预定时间表自动启停和节能优化控制。检测时应通过工作站或现场控制器对热源和热交换系统的设备运行状态、故障等的监视、记录与报警进行检测,并检测对设备的控制功能。

核实热源和热交换系统能耗计量与统计资料。

检测方式为全部检测,被检系统合格率100%时为检测合格。检查其质量验收记录的有关项目,见表8-72。

热源和热交换系统检测记录表　　　　　表8-72

	单位(子单位)工程名称		
	施工单位		项目经理	
	施工执行标准名称及编号		
	检测项目	检查评定记录	备注
1	热源系统 参数检测		系统功能全部检测,被检系统合格率100%时为检测合格
	系统负荷调节		
	预定时间表启停		
	节能优化控制		
	故障检测记录与报警		
2	热交换系统 参数检测		
	系统负荷调节		
	预定时间表启停		
	节能优化控制		
	故障检测记录与报警		
3	能耗计量与统计		满足设计要求时为合格

汇总人:　　　年　月　日

6) 冷冻和冷却水系统功能检测

建筑设备监控系统应对冷水机组、冷冻冷却水系统进行系统负荷调节、预定时间表自动启停和节能优化控制。检测时应通过工作站对冷水机组、冷冻冷却水系统设备控制和运行参数、状态、故障等的监视、记录与报警情况进行检查,并检查设备运行的联动情况。

核实冷冻水系统能耗计量与统计资料。

检测方式为全部检测,满足设计要求时为检测合格。检查其质量验收记录的有关项目,见表8-73。

冷冻和冷却水系统检测记录表　　　　　　表 8-73

单位(子单位)工程名称			
施工单位		项目经理	
施工执行标准名称及编号			
检测项目		检查评定记录	备注
1	冷冻水系统	参数检测		各系统全部检测，满足设计要求时为检测合格
		系统负荷调节		
		预定时间表启停		
		节能优化控制		
		故障检测记录与报警		
		设备运行联动		
2	冷却水系统	参数检测		
		系统负荷调节		
		预定时间表启停		
		节能优化控制		
		故障检测记录与报警		
		设备运行联动		
3	能耗计量与统计			满足设计要求时为合格

汇总人：　　　年　月　日

7）电梯和自动扶梯系统功能检测

建筑设备监控系统应对建筑物内电梯和自动扶梯系统进行监测。检测时应通过工作站对系统的运行状态与故障进行监视，并与电梯和自动扶梯系统的实际工作情况进行核实。

检测方式为全部检测，合格率100％时为检测合格。检查其质量验收记录有关项目，见表 8-74。

8）系统实时性检测

采样速度、系统响应时间应满足合同技术文件与设备工艺性能指标的要求。合格率90％时为检测合格。

报警信号响应速度应满足合同技术文件与设备工艺性能指标的要求；抽查合格率100％时为检测合格。检查其质量验收记录的有关项目,见表 8-75。

电梯和自动扶梯系统检测记录表　　　　表 8-74

单位(子单位)工程名称			
施工单位		项目经理	
施工执行标准名称及编号			
	检 测 项 目	检查评定记录	备 注
1	电梯系统 电梯运行状态		各系统全部检测,合格率100%时为检测合格
	故障检测记录与报警		
2	自动扶梯系统 扶梯运行状态		各系统全部检测,合格率100%时为检测合格
	故障检测记录与报警		

汇总人：　　　年　月　日

9)系统可维护功能检测

应检测应用软件的在线编程(组态)和修改功能,在中央站或现场进行控制器或控制模块应用软件的在线编程(组态)、参数修改及下载,全部功能得到验证为合格。

设备、网络通信故障的自检测功能,自检必须指示出相应设备的名称和位置,在现场设置设备故障和网络故障,在中央站观察结果显示和报警,输出结果正确且故障报警准确者为合格。检查其质量验收记录的有关项目,见表 8-75。

10)系统可靠性检测

系统运行时,启动或停止现场设备,不应出现数据错误或产生干扰,影响系统正常工作。检测时采用远动或现场手动启/停现场设备,观察中央站数据显示和系统工作情况,工作正常的为合格。

切断系统电网电源,转为 UPS 供电时,系统运行不得中断。电源转换时系统工作正常的为合格。

中央站冗余主机自动投入时,系统运行不得中断;切换时系统工作正常的为合格。检查其质量验收记录的有关项目,见表 8-75。

系统实时性、可维护性、可靠性检测记录表　　表 8-75

	检测项目		检查评定记录	备注
	单位(子单位)工程名称			
	施工单位		项目经理	
	施工执行标准名称及编号			
1	关键数据采样速度	满足合同文件		10%抽检且不得少于10台，合格率达90%为合格
		满足设备性能指标		
2	系统响应时间	满足合同文件		
		满足设备性能指标		
3	报警信号响应速度	满足合同文件		20%抽检且不得少于10台，合格率100%为合格
		满足设备性能指标		
4	应用软件在线编程和修改	在线编程及修改		对相应功能进行验证，功能得到验证或工作正常时为合格
		软件下载		
5	设备故障自检测	现场故障指示		
		工作站显示和报警		
6	网络通信故障自检测	网络故障指示		
		工作站显示报警		
7	系统可靠性(启停设备时)			
	电源切换为UPS供电时			
	中央站冗余主机自动投入时			

汇总人：　　　年　月　日

11) 建筑设备监控系统检测项目评价，可将施工单位自行检测自检评定合格，经监理单位审核认可的检测记录或委托检测单位进行的运行过程的检测报告中的有关检测项目的检测结果，也可抽查检测一部分内容，或抽查使用过程的值班记录等，以验证验收记录和检测报告的正确性，将其有关项目检测结果摘录下来，进行判定。可参照建筑设备监控系统检测项目记录表，见表 8-76。

(4) 火灾自动报警及消防联动系统工程检测

1) 火灾自动报警及消防联动系统工程检测项目。

① 系统联动，本系统应为独立系统，与其他系统联动，接受火灾报警信号后，根据预先规定的联动程序，向火灾应急广播和报警装置、电梯、应急照明灯、疏散指示灯、切断非消防电源进行联动控制。

建筑设备监控系统检测项目记录表　　　　表 8-76

单位(子单位)工程名称		施工执行标准名称及编号	
施工单位		项目经理	
序号	检 测 项 目	检测记录	备　注
1	空调与通风系统功能检测		
2	变配电系统功能检测		
3	公共照明系统功能检测		
4	给排水系统功能检测		
5	热源和热交换系统功能检测		
6	冷冻和冷却水系统功能检测		
7	电梯和自动扶梯系统功能检测		
8	系统实时性检测		
9	系统可维护功能检测		
10	系统可靠性检测		

汇总人：　　　年　月　日

② 系统电磁兼容性防护，是电磁场干扰对火灾自动报警系统设备的正常工作，提出这项检测来保证报警设备的正常运行。

③ 火灾报警控制器人机界面。包括报警器的汉化图形显示界面及中文屏幕菜单等功能，符合设计要求。

④ 接口通信功能。包括消防控制室与建筑设备监控系统和消防控制室与安全防范系统等其他子系统的接口和通信功能。

⑤ 系统关联功能。包括公共广播与紧急广播共同系统功能影响。安全防范系统对火灾响应与操作。

⑥ 火灾探测器性能及安装情况。包括智能性及功能性的内容。

⑦ 消防设施设置及功能。包括早期烟雾探测、大空间早期检测、大空间红外图像矩阵火灾报警及灭火、可燃气体泄漏报警及联动等。

2）火灾自动报警及消防联动系统检测项目检查标准。符合规范 GB 50166 的有关规定及设计要求。

3）火灾自动报警及消防联动系统检测项目评价。

检查该项目安装施工单位自行检查合格，并经监理单位核查认可的工程质量验收表，将其有关检验结果摘录或核查，确认其检测结果情况，进行评价。见表 8-77。

火灾自动报警及消防联动系统分项工程质量验收记录表　表8-77

单位(子单位)工程名称			施工执行标准名称及编号	
施工单位			项目经理	
序号	检测项目		检测记录	备注
1	系统联运	与其他系统联动,系统应为独立系统		满足设计要求为检测合格
2	系统电磁兼容性防护			
3	火灾报警控制器人机界面	汉化图形界面		符合设计要求为检测合格
		中文屏幕菜单		
4	接口通信功能	消防控制室与建筑设备监控系统		符合设计要求为检测合格
		消防控制室与安全防范系统		
5	系统关联功能	公共广播与紧急广播共用		符合GB 50166有关规定
		安全防范子系统对火灾响应与操作		符合设计要求为检测合格
6	火灾探测器性能及安装状况	智能性		符合设计要求为检测合格
		普通性		
7	新型消防设施设置及功能	早期烟雾探测		符合设计要求为检测合格
		大空间早期检测		
		大空间红外图像矩阵火灾报警及灭火		
		可燃气体泄漏报警及联动		

检测意见：

监理工程师签字　　　　　　　　　检测机构负责人签字
(建设单位项目专业技术负责人)
日期　　　　　　　　　　　　　　日期

(5) 安全防范系统工程检测

1) 安全防范系统工程检测项目

安全防范系统包括：视频安全防范监控系统、入侵报警系统、出入口控制系统、巡更管理系统、停车场管理系统等。

2）安全防范系统检测检查标准

安全防范系统综合防范功能检测包括：防范范围、重点防范部位和要害部门的设防情况、防范功能、防范盲区，设备运行及各子系统的联动达到设计要求。

监控中心系统记录质量和保存时间达到设计要求；安全防范系统与其他系统集成时，接口功能、通信功能和传输的信息功能等达到设计要求，全部达到设计要求为子系统检测合格。

① 视频安全防范监控系统检测

a. 系统功能：云台转动、镜头、光圈的调节、调焦、变倍、图像切换、防护罩功能等；

b. 图像质量：摄像机标准照度下图像的清晰度，抗干扰能力；

c. 系统整体功能：监控范围、现场设备的接入率及完好率，矩阵主机的切换、控制、编程、巡检、记录等功能；

数字视频的死机记录、图像显示和记录速度、图像质量，对前端设备的控制功能、通信接口功能、远程联网功能、硬盘录像的记录速度、记录检索、回放等功能。

d. 系统联动功能与出入口管理系统、入侵报警系统、巡更管理系统、停车场管理系统等联动控制功能。

系统功能100%符合设计要求为合格。

② 入侵报警系统检测

a. 探测器盲区检测、防动物功能、电源切换功能、关机报警功能；

b. 探测器防破坏功能、防拆、防信号线开路、防短路报警、防电源线剪切等；

c. 探测器灵敏度；

d. 系统功能报警信息传输、报警响应功能；

e. 现场设备的接入率及完好率；

f. 系统联动功能，报警现场照明系统自动触发、摄像机自动启动、视频画面自动调入、相关出入口自动启闭、录像设备自动启动等，报警事件存储记录保存时间等。

系统功能和联动功能全部检测符合设计要求为合格。

③ 出入口控制系统检测

a. 出入口控制系统功能检测：主机离线和在线控制情况的出入口控制器独立工作的准确性、实时性和储存信息功能；掉电后启动备用电源应急工作的准确性、实时性和信息储存和恢复能力；强行入侵的报警能力；现场设备的接入率及完好率；数据储存器保存时间，以及与消防系统报警时的联动功能等。

b. 系统的软件功能满足设计要求。

系统功能和软件全部检测，符合设计要求，合格率100％为系统功能合格。

④ 巡更管理系统检测

a. 巡更路线图检查系统巡更终端、读卡机的响应功能；

b. 现场设备的接入率和完好率；

c. 系统编程、修改功能及撤防、布防功能；

d. 系统运行状态、信息传输、故障报警和指示故障位置的功能；

e. 巡更系统数据记录保存时间等；

f. 遇有故障报警信号及与视频安防系统的联动。

系统功能全部检测，功能符合设计要求为合格，100％合格系统检测合格。

⑤ 停车场管理系统检测

停车场（库）管理系统应分别对入口管理系统、出口管理系统和管理中心功能检测。

a. 车辆探测器对出入车辆探测灵敏度、抗干扰性能、自动栏杆升降功能、防砸车功能、读卡器功能、发卡器功能、满位显示器功能、空车位及收费显示；

b. 管理中心的计费、显示、收费、统计、信息储存功能；管理中心与出入口管理的通信功能；

c. 图像对比功能、调用图像信息的情况、出入车辆数据保存时间；

d. 停车场管理系统与消防系统报警联动功能。

系统功能符合设计要求为合格，合格率100％时系统检测合格。

⑥ 安全防范综合管理系统检测

a. 各子系统的数据通信接口，各子系统与综合管理系统以数据通信方式连接,在综合管理系统监控站能观测到子系统的工作状态和报警信息,与实际状态核实准确性和实时性;综合管理监控站发送命令,子系统响应情况;

　　b. 综合管理系统监控站的软、硬件功能符合设计要求。

　　综合管理系统功能全部检测,符合设计要求为合格,100%合格系统检测合格。

　　3) 安全防范系统检测项目评价

　　安全防范管理系统检测结果,可根据施工单位自行检查评定合格,由监理单位检查认可的智能建筑安全防范系统,各子系统工程质量验收记录的结果来判定,并进行汇总,可通过"安全防范系统综合防范功能检测记录表"和"安全防范系统综合管理系统检测记录表"来进行汇总和评价各检测项目,见表 8-78、表 8-79。

综合防范功能系统检测记录表　　　　表 8-78

单位(子单位)工程名称				
施工单位			项目经理	
施工执行标准名称及编号				
	检测项目		检查评定记录	备注
1	防范范围	设防情况		
		防范功能		
2	重点防范部位	设防情况		
		防范功能		
3	要害部门	设防情况		
		防范功能		
4	设备运行情况			综合防范功能符合设计要求时检测合格
5	防范子系统之间的联动			
6	监控中心图像记录	图像质量		
		保存时间		
7	监控中心报警记录	完整性		
		保存时间		
8	系统集成	系统接口		
		通信功能		
		信息传输		
9				

　　　　　　　　　　　　　　　　汇总人:　　　年　月　日

安全防范综合管理系统检测记录表 表8-79

	检测项目		检查评定记录	备注
单位(子单位)工程名称				
施工单位			项目经理	
施工执行标准名称及编号				
1	数据通信接口	对子系统工作状态观测并核实		各项系统功能和软件功能全部检测，符合设计要求为合格，合格率100%时系统检测合格
		对各子系统报警信息观测并核实		
		发送命令时子系统响应情况		
2	综合管理系统	正确显示子系统工作状态		
		对各类报警信息显示、记录、统计情况		
		数据报表打印		
		报警打印		
		操作方便性		
		人机界面友好、汉化、图形化		
		对子系统的控制功能		
3				
4				

汇总人：　　　年　月　日

(6) 综合布线工程检测

1) 综合布线工程检测项目

① 综合布线系统检测工程电气性能和光纤特性检测；

② 采用计算机进行综合布线系统管理维护检测。包括下列项目：

中文平台、系统管软件；

显示硬件设备及其楼层平面图；

显示干线子系统配线子系统的元件位置；

实时显示和登录各种硬件设施的工作状态等。

2) 综合布线系统工程检测检查标准

综合合格判定：

① 光缆系统中有一条光纤链路无法修复，则判不合格；

② 对绞电缆布线抽查，抽查检测点不合格不大于1‰，则检测通过。如无法修复的信息点数目超过信息点总数的1‰，不合格线对数目超过总数1‰时，则判为不合格。全部检测合格，则系统检测合格。

3) 综合布线系统检测评价

工程电气性能检测、光纤特性检测，用计算机进行综合布线系统管理和维护时，各种显示及中文平台、系统管理软件符合设计要求，则系统检测合格。检查施工单位自检合格，经监理单位核查认可的工程电气性能和光纤特性检测质量验收表及以计算机进行综合布线系统管理维护的各种显示性能质量验收记录，将其有关项目摘录，填入"综合布线系统性能记录表"，见表8-80。

综合布线系统性能检测记录表　　　　表8-80

单位(子单位)工程名称			子分部工程	
施工单位			项目经理	
施工执行标准名称及编号				
检测项目		检查评定记录		备注
1	综合布线管理系统			执行本规范第3.2.6条的规定
	中文平台管理软件			
	硬件设备图			
	楼层图			
	干线子系统及配线子系统配置			
	硬件设施工作状态			
2	工程电气性能检测			本规范第9.3.4条的规定
3	光纤特性检测			

汇总人：　　年 月 日

2. 系统集成检测

智能化系统集成应在建筑设备监控系统、安全防范系统、火灾自动报警及消防联动系统等各子分部工程质量检查验收合格的基础上，实现建筑物管理系统集成。可进一步与信息网络系统、通信网络系统进行系统集成，实现智能建筑管理集成系统，以满足建筑物的监控功能、管理功能和信息共享的需求，便于通过对建筑物和建筑设备的自动检测与优化控制，实现信息资源优化管理和对使用者提供最佳的信息服务，使智能建筑达到投资合理、适应信息社会需要的目标，并具有安全、舒适、高效和环保的特点。

(1) 系统集成检测项目

1) 系统数据集成功能检查，应分别在服务器和客户端进行，各系统的数据应在服务器统一界面下显示，界面应汉化和图形化，数据显示应准确，响应时间等性能指标应符合设计要求。

2) 系统集成整体指挥协调能力。系统报警信息及处理、设备连锁控制功能应在服务器和有操作权限的客户端检测。

3) 系统集成的综合管理功能、信息管理和服务功能的检测。

4) 视频图像接入时，显示应清晰，图像切换应正常，网络系统的视频传输应稳定、无拥塞。

5) 系统集成的冗余和容错功能(包括双机备份及切换、数据库备份、备用电源及切换和通信链路冗余切换)、故障自诊断、事故情况下的安全保障措施的检测。

6) 系统集成不得影响火灾自动报警及消防联动系统的独立运行，应对其系统相关性进行连带测试。

(2) 系统集成检测检查标准

系统集成检测应在子系统之间的硬线连接、串行通信连接、专用网点接口连接等符合设计要求后，检测全部合格后进行系统集成检测。全部检测项目符合设计要求为合格，检测项目100%合格，系统集成检测合格。

(3) 系统集成检测评价

检查在正常施工中，检测和质量验收记录。主要是检查系统集成整体协调检测、系统集成综合管理及冗余功能检测及系统集成可维护性和安全性检测等项目。由施工单位或检测单位检测合格，由监理单位核查认可的质量验收记录，将其有关内容摘录，填入"系统集成工程质量验收记录表"，见表8-81。

系统集成工程验收记录表

表 8-81

单位(子单位)工程名称				
施工单位			项目经理	
施工执行标准名称及编号				
	检测项目		检查评定记录	备注
1	系统的报警信息及处理	服务器端		各项检测应做到安全、正确、及时、无冲突，符合设计要求为合格，否则为不合格
		有权限的客户端		
2	设备连锁控制	服务器端		
		有权限的客户端		
3	应急状态的联动逻辑检测	现场模拟火灾信号		
		现场模拟非法侵入		
4	综合管理功能			运用安全验证满足功能需求
5	信息管理功能			
6	信息服务功能			
7	视频图像接入时	图像显示		满足设计要求的为合格
		图像切换		
		图像传输		
8	系统冗余和容错功能	双机备份及切换		满足设计要求的为合格
		数据库备份		
		备用电源及切换		
		通信链路冗余及切换		
		故障自诊断		
		事故条件下的安全保障措施		
9	与火灾自动报警系统相关性			
10	系统可靠性维护	可靠性维护说明及措施		符合设计要求的为合格
		设定系统故障检查		
11	系统集成安全性	身份认证		符合设计要求的为合格
		访问控制		
		信息加密和解密		
		抗病毒攻击能力		
12	工程实施及质量控制记录	真实性		符合设计要求的为合格
		准确性		
		完整性		

汇总人： 年 月 日

3. 接地电阻测试

（1）防雷及接地系统检测项目

1）智能化系统防雷及接地系统与建筑物接地装置共用，接地电阻不大于1Ω。

2）智能化系统的单独接地装置，接地电阻值应按设备要求的最小值确定。

3）智能化系统的单独防过流、过压元件的接地装置，防电磁干扰屏蔽的接地装置、防静电接地装置，其设置符合设计要求，连接可靠。

4）智能化系统与建筑物等电位联结符合设计要求及规范规定。

（2）防雷及接地系统检查标准

防雷及接地其接地电阻值不大于1Ω；智能系统单独接地装置，电阻值应按设备要求的最小值确定；智能系统要求的防过流、过压元件，防电磁干扰屏蔽、防静电等连接装置的电阻值符合设计要求；智能化系统与建筑物等电位联结符合规范规定。

（3）防雷及接地系统评价

智能化系统防雷及接地性能检测检查，通常是检查施工单位自检合格，经监理单位核查认可的防雷与接地质量验收记录，将其中的有关数据摘录，填入防雷与接地系统检测记录表，见表8-82。

（三）智能建筑工程性能检测评价

智能建筑工程性能检测项目多，特别是系统检测是由多个子系统构成的，各子系统、系统集成和接地电阻测试的项目，根据施工单位自行检查检测合格，由监理单位审查认可的分项工程、子分部工程质量验收记录，将有关项目的检验检测结果摘录，填入相应的系统检测项目表，按照达到设计要求的程度，判定系统的检测档次。凡一次检测达到设计要求的为一档，经过修理达到设计要求的为三档，据此判断出各子系统的档次。由于系统检测项目中子系统较多，再用一个汇总表将各子系统的检测结果填入，再进行一次整理，见表8-83。评出系统检测的档次，然后再填入"智能建筑工程性能检测评分表"，见表8-84，计算评分。

防雷与接地系统检测记录表

表 8-82

单位(子单位)工程名称				
施工单位			项目经理	
施工执行标准名称及编号				
	检测项目		检查评定记录	备注
1	防雷与接地系统引接	引接 GB 50303 验收合格的共用接地装置		执行本规范第 11.3.1 条
2	建筑物金属体作接地装置	接地电阻不应大于 1Ω		
3	采用单独接地装置	接地装置测试点的设置		执行 GB 50303 第 24.1.1 条
		接地电阻值测试		执行 GB 50303 第 24.1.2 条
		接地模块的埋没深度、间距和基坑尺寸		执行 GB 50303 第 24.1.4 条
		接地模块设置应垂直或水平就位		执行 GB 50303 第 24.1.5 条
4	其他接地装置	防过流、过压元件接地装置		其设置应符合设计要求,连接可靠
		防电磁干扰屏蔽接地装置		
		防静电接地装置		
5	等电位联结	建筑物等电位联结干线的连接及局部等电位箱间的连接		执行 GB 50303 第 27.1.1 条
		等电位联结的线路最小允许截面积		执行 GB 50303 第 27.1.2 条
6	防过流和防过压接地装置、防电磁干扰屏蔽接装置、防静电接地装置	接地装置埋没深度、间距和搭接长度		执行 GB 50303 第 24.2.1 条
		接地装置的材质和最小允许规格		执行 GB 50303 第 24.2.2 条
		接地模块与干线的连接干线材质选用		执行 GB 50303 第 24.2.3 条
7	等电位联结	等电位联结的可接近裸露导体或其他金属部件、构件与支线的连接可靠,导通正常		执行 GB 50303 第 27.2.1 条
		需等电位联结的高级装修金属部件或零件等电位联结的连接		执行 GB 50303 第 27.2.2 条

汇总人： 年 月 日

系统检测项目汇总表　　　　　　　表 8-83

序号	系统检测名称	达到设计要求判定档次	系统检测判定档次
1	通信网络系统		
2	信息网络系统		
3	建筑设备监控系统		
4	火灾自动报警及消防联动系统		
5	安全防范系统		
6	综合布线系统		

智能建筑工程性能检测评分表　　　　　　　表 8-84

工程名称			施工阶段		检查日期	年　月　日
施工单位					评价单位	
序号	检查项目	应得分	判定结果		实得分	
			100	70%		
1	系统检测	60				备注
2	系统集成检测	30				
3	接地电阻测试	10				
检查结果	权重值30分。 应得分合计： 实得分合计： 　　　　智能建筑工程性能检测评分 = $\frac{实得分}{应得分} \times 30 =$ 　　　　评价人员：					年　月　日

二、智能建筑工程质量记录

（一）智能建筑工程质量记录检查项目

1. 材料、设备、软件合格证及进场验收记录

（1）材料出厂合格证及进场验收记录；

（2）设备、软件出厂合格证及进场验收记录；

（3）随机文件。设备清单、产品说明书、软件资料清单、程序结构说明、安装调试说明书、使用和维护说明书、装箱清单及开箱检查验收记录。

2. 施工记录

（1）系统安装施工记录；

(2) 隐蔽工程验收记录；

(3) 检验批、分项、分部(子分部)工程质量验收记录。

3. 施工试验

(1) 硬件、软件产品设备测试记录；

(2) 系统运行调试记录。

(二) 智能建筑工程质量记录检查标准

1. 材料、设备、软件合格证及进场验收记录

(1) 材料主要是缆线(电线、光纤)、线槽、线管及支架材料机框、机架、配线架等，出厂应有合格证，进场应检查外观、品种、规格、型号、数量等，要与订货合同要求一致，达到设计要求。

(2) 硬件设备及软件出厂合格证及进场验收记录。

硬件设备主要是电源、稳流稳压、不间断电源装置、应急电源、蓄电池及光电设备等；视频、广播、计算机、录相、录音设备、传感器、感应器、变送器、电动阀门及执行器及各种控制器、配电框、分线框等。

软件有关程序的软件，操作系统、数据库管理系统、应用系统、信息安全软件、接口软件等。其主要检查产品功能、使用范围、安全性、可靠性、电磁兼容性。应提供完整的文档，软件资料、程序结构说明、安装调试说明、使用和维护说明书等。

材料、硬件设备、软件产品及各种系统接口等，列入《中华人民共和国实施强制性产品认证的产品目录》或实施生产许可证和上网许可证管理的产品应出具有效的证明文件。未列入强制性认证产品目录或未实施生产许可证和上网许可证管理的产品，应按规定程序通过产品检测符合要求后方可使用。

(3) 随机文件，在硬件设备、软件产品到达现场进行检查验收时，要注意清点查收有关随机文件。主要是设备清单、产品合格证、产品说明书；软件资料清单、程序结构说明书、安装调试说明书、使用和维护说明书、装箱清单及开箱检查验收记录。

由于随机文件较多，验收时应造册登记，注明资料文件名称、数量及资料的质量情况等。

有关资料文件应满足设计及订货合同中的要求为合格。

2. 施工记录

（1）系统安装施工记录。智能系统安装时主要把有关线路、接口位置记录，用图标明，以方便维修及管理。注明施工环境、设备、软件的状态等。为调试检测创造好的条件。

（2）隐蔽工程验收记录。主要是接地装置的埋设及缆线暗埋，埋前的验收记录等。以保证隐蔽工程的功能等。

（3）智能建筑工程多数是分项工程和子分部（系统）工程质量验收记录，检验批很少。应按正常工程验收程序，由施工单位自检评定合格，由监理工程师核查验收通过。注意分项、子分部工程验收要覆盖到全部智能系统的工程。

3. 施工试验

（1）硬件、软件产品设备测试记录。智能建筑工程质量验收按先产品，后系统；先各系统，后系统集成的程序进行工程质量检验验收。对没有"强制性产品认证产品目录"或没有实施生产许可证和上网许可证管理的产品应按程序通过产品检验后才能使用，设计要求检测试验的产品，也应先试验后使用。

（2）系统试运行调试记录。每个系统安装完成后，施工单位都必须先试运行，先各系统，后系统集成，各系统试运行是基础。在试运行阶段，应按照试运行记录表做好试运行记录，边运行边改进边调整，使系统逐步完善，直到达到设计要求。

（三）智能建筑工程质量记录评价

智能建筑工程质量记录检查主要根据施工单位自评合格，监理单位核查认可的分项、子分部工程质量验收记录表。

首先检查质量记录该有资料项目的资料是否有了；再查每个项目中该有的主要资料是否有了；第三步查资料中该有的数据是否有了。如果资料中主要数据不全，这个资料也是不算数的。就是说先查质量记录资料的数量，再查每个资料的质量。为了便于检查，可借助辅助表判定资料完善状况，见表 8-85。然后再按标准第 3.5.2 条判定资料档次，填入"智能建筑工程质量记录评分表"，见表 8-86，计算评价得分。

智能建筑工程质量记录资料汇总表

表 8-85

序号	质量记录名称	份数及编号	判定内容	判定情况
1. 材料、设备、软件合格证及进场验收记录	缆线、线槽、线管、支架、材料合格证、进场验收报告			
	硬件设备合格证及进场验收记录			
	软件出厂合格证及进场验收记录			
	随机文件			
2. 施工记录	系统安装施工记录			
	隐蔽工程验收记录			
	分项工程质量验收记录			
	子分部工程质量验收记录			
3. 施工试验	硬件试验记录			
	软件试验记录			
	系统试运行调试记录			

汇总人： 年 月 日

智能建筑工程质量记录评分表

表 8-86

工程名称			施工阶段			检查日期	年 月 日
施工单位						评价单位	
序号	检查项目		应得分	判定结果		实得分	备注
				100%	85%	70%		
1	材料、设备合格证及进场验收记录	材料出厂合格证及进场验收记录	10					
		设备、软件出厂合格证及进场验收记录	10					
		随机文件	10					
2	施工记录	系统安装施工记录	15					
		隐蔽工程验收记录	10					
		检验批、分项、分部(子分部)工程质量验收记录	15					
3	施工试验	硬件、软件产品设备测试记录	15					
		系统运行调试记录	15					
检查结果	权重值 30 分。应得分合计：实得分合计：智能建筑工程质量记录评分＝$\frac{实得分}{应得分}\times 30=$ 评价人员： 年 月 日							

三、智能建筑工程尺寸偏差及限值实测

（一）智能建筑工程尺寸偏差及限值实测项目

1. 机柜、机架安装垂直度偏差≤3mm；
2. 桥架及线槽水平度≤2mm/m；垂直度≤3mm。

（二）智能建筑工程尺寸偏差及限值实测检查标准

智能建筑工程尺寸偏差及限值实测，根据标准第 3.5.3 条规定进行判定。由于其实测项目只有允许偏差值，故当项目各测点实测值均达到规范规定值，即机柜、机架、桥架、线槽的垂直度不大于3mm，水平度不大于2mm，且有 80% 及其以上的测点平均值小于等于规范规定值 0.8 倍的为一档；检查项目各测点实测值均达到规范规定值，且有 50% 及其以上，但不足 80% 的测点平均实测值小于等于规范规定值 0.8 倍的为二档；检查项目各测点实测值均达到规范规定值的为三档。

（三）智能建筑工程尺寸偏差及限值实测评价

实际实测数据可根据施工单位自检评定合格，监理单位核查认可的分项工程、子分部工程质量验收表，任意选 10 个表，不足 10 个的全部选取。将有关数值摘录，在辅助表中记录，见表 8-87。在分析计算后，评出一、二、三档来，然后填入智能建筑工程尺寸偏差及限值实测评分表，进行统计评分，见表 8-88。

智能建筑工程尺寸偏差及限值实测数据汇总表　　表 8-87

序号	尺寸偏差及限值项目	尺寸偏差及限值实测数据				数据分析
1	机柜、机架安装垂直度≤3mm					
2	桥架及线槽水平度≤2mm/m					
	桥架及线槽垂直度≤3mm					

汇总人：　　　年　月　日

智能建筑工程尺寸偏差及限值实测评分表　　表 8-88

工程名称		施工阶段			检查日期	年 月 日	
施工单位				评价单位			
序号	检查项目	应得分	判定结果			实得分	备注
			100%	85%	70%		
1	机柜、机架安装垂直度偏差	50					
2	桥架及线槽水平度、垂直度	50					
检查结果	权重值 10 分。 应得分合计： 实得分合计： 　　　智能建筑工程尺寸偏差及限值实测评分＝$\frac{实得分}{应得分}\times 10=$ 　　　评价人员： 　　　　　　　　　　　　　　　　　　　　　　　　　　年 月 日							

四、智能建筑工程观感质量

（一）智能建筑工程观感质量检查项目

1. 综合布线、电源及接地线等安装；
2. 机柜、机架、配线架安装；
3. 模块、信息插座等安装。

（二）智能建筑工程观感质量检查标准

1. 综合布线、电源及接地线安装

缆线敷设中间不得有接头，缆线的弯曲半径、缆线分布及布局、缆线间的最小净距应符合规范规定，缆线终接必须牢固，接触良好。电源线应符合电气规范的要求，电源线应与综合布线分隔布放，电源、防雷及接地系统设置应防止雷电入侵装置，并应考虑等电位联结接地、防电磁干扰接地和防静电干扰接地等。各种接线端子的标志应齐全。

卡入配线架连接模块内的单根线缆色标应和线缆的色标相一致，大多数电缆按标准色谱的组合规定进行排序。

缆线终接和各类跳线的终接，对绞电缆与插接件连接认准线号、线位色标，不得颠倒。对绞电缆芯线终接时每对对绞线保持扭绞状态，光缆芯线终接采用光纤连接盒进行连接、保护，在连接盒内的弯曲半径符合工艺要求，光纤熔接处应保护和固定，以便与连接器连接跳接，光纤连接盒应有标志。各类线跳接的终接，各类跳线线缆和插接件间接触良好，接线无误，标志齐全，跳线选用类型符合设计要求。各类跳线长度符合设计要求，一般对绞线不超过 5m，光缆线不超过 10m。

2. 机柜、机架、配线架等安装

机柜不应直接安装在活动地板上，底座与活动地板高度相同，与地面固定。安装机架面板架前应预留有 800mm 空间，机架背面离墙距离大于 600mm。背板式跳线架、金属背板及接线管理架安装在墙壁上，金属背板与墙壁紧固。壁挂式机柜距地面不宜小于 300mm。桥架式线槽应直接进入机架或机柜内。

3. 模块、信息插座等安装

机架机柜内模块安装应便于接线，固定牢固，标识清晰，8 位模块式通用插座，安装在活动地板上或墙面上，应固定在接线盒内，接线盒盖可开启，具有防水、防尘、抗压力功能，位置符合设计要求。信息插座安装在活动地板或墙面上时，接线盒应严密，防水防尘。光缆芯线终端的连接盒面板应有标志。

(三) 智能建筑工程观感质量评价

智能建筑工程观感质量评价，根据设计要求和规范规定，按检查点的情况，按照上述内容标准，分别评出好、一般、差点的质量等级，进行统计，填入智能建筑工程观感质量检查辅助表，见表 8-89。再按标准第 3.5.4 条的规定，评出一、二、三档，填入智能建筑工程观感质量评分表，见表 8-90。计算评价分值。

智能建筑工程观感质量检查辅助表　　　　表 8-89

序号	检查项目	检查点检查结果				检查资料依据		检查结果
		检查点数	好的点数	一般的点数	差的点数	分项、子分部验收记录	现场检查记录	
1	综合布线、电源及接地线安装							
2	机柜、机架和配线安装							
3	模块、信息插座等安装							

汇总人：　　　年 月 日

智能建筑工程观感质量评分表　　　　　　表 8-90

工程名称		施工阶段			检查日期	年 月 日
施工单位				评价单位		
序号	检查项目	应得分	判定结果		实得分	备注
			100%	85%	70%		
1	综合布线、电源及接地线等安装	35					
2	机柜、机架和配线架安装	35					
3	模块、信息插座安装	30					
检查结果	权重值 20 分。 应得分合计： 实得分合计： 　　　智能建筑工程观感质量评分＝$\dfrac{实得分}{应得分}\times 10=$ 　　　评价人员： 　　　　　　　　　　　　　　　　　　　　　　　　年　月　日						

第九章 单位工程质量综合评价

第一节 工程结构质量评价

一、工程结构质量评价规定

1. 工程结构质量评价包括地基及桩基工程、结构工程（含地下防水层），应在主体结构验收合格后进行。

2. 评价人员应在结构抽查的基础上，按有关评分表格内容进行核查，逐项做出评价。

3. 工程结构凡出现下列否决项目之一的不得评优。

（1）使用国家、省明令淘汰的建筑材料、建筑设备、耗能高的产品及民用建筑挥发性有害物质含量释放量超过国家规定的产品。

（2）地下工程渗漏超过有关规定、屋面防水出现渗漏、超过标准的不均匀沉降、超过规范规定的结构裂缝，存在加固补强工程以及施工过程出现重大质量事故的。

（3）评价项目中设置否决项目，其评价得分达不到二档，实得分达不到 85% 的标准分值；没有二档的为一档，实得分达不到 100% 的标准分值。否决项目：

地基及桩基工程：地基承载力、复合地基承载力及单桩竖向抗压承载力；

结构工程：混凝土结构工程实体钢筋保护层厚度、钢结构工程焊缝内部质量及高强度螺栓连接副紧固质量；

安装工程：给水排水及采暖工程承压管道、设备水压试验、电气安装工程接地装置、防雷装置的接地电阻测试、通风与空调工程通风管道严密性试验、电梯安装工程层门与轿门试验、智能建筑工程系统检测等。

4. 工程结构凡符合下列特色工程加分项目的，可按规定在综合评价后直接加分。加分只限一次。

(1) 获得部、省级及其以上科技进步奖，以及使用节能、节地、环保等先进技术获得部、省级奖的工程可加 0.5~3 分；

(2) 获得部、省级科技示范工程或使用先进施工技术并通过验收的工程可加 0.5~1 分。

二、工程结构质量综合评价计算

1. 工程结构评价得分应按下式计算：

$$P_{结} = \frac{A+B}{0.50} + F$$

式中　$P_{结}$——工程结构评价得分；
　　　A——地基与桩基工程权重值实得分；
　　　B——结构工程权重值实得分；
　　　F——工程特色加分。

0.5 系地基与桩基工程、结构工程在工程权重值中占的比例 10%、40%之和。

2. 当工程结构有混凝土结构、钢结构和砌体结构工程的二种或三种时，工程结构评价得分应是每种结构在工程中占的比重及重要程度来综合结构的评分。

如：有一工程结构中有混凝土结构、钢结构及砌体结构三种结构工程，其中混凝土结构工程量占 70%，钢结构占 15%、砌体（填充墙）占 15%，但砌体工程只是填充墙，其砌体工程只能占 10%，因而综合结构的评分应为砌体工程占 10%、混凝土工程占 70%、钢结构占 20%的比重来综合结构工程的评分。即：

$$P_{结} = \frac{A+B_1+B_2+B_3}{0.50} + F$$

式中　B_1——混凝土结构工程评价得分，$B_1 = \frac{混凝土结构评价实得分}{混凝土结构评价应得分} \times 28$；

　　　B_2——钢结构工程评价得分，$B_2 = \frac{钢结构评价实得分}{钢结构评价应得分} \times 8$；

B_3——砌体结构工程评价得分,$B_3 = \dfrac{砌体结构评价实得分}{砌体结构评价应得分} \times 4$;

F——特色工程加分。

当有地下防水层时,工程结构评价按下式计算:

$$P_{结} = \dfrac{A + B_1 + B_2 + B_3 + G}{0.5} + F$$

式中 G——地下防水层评价得分,$G = \dfrac{防水层评价实得分}{防水层评价应得分} \times 2(0.05 \times 40)$。

三、工程结构质量综合评价表

工程结构质量评价表见表 9-1。

工程结构质量综合评价表　　表 9-1

序号	检查项目	地基与桩基工程评价得分		结构工程评价得分（含地下防水层）		备注
		应得分	实得分	应得分	实得分	
1	现场质量保证条件	10		10		
2	性能检测	35		30		
3	质量记录	35		25		
4	尺寸偏差及限值实测	15		20		
5	观感质量	5		15		
6	合　计	(100)		(100)		
7	各部位权重值实得分	A=地基与桩基工程评分×0.10=		B=结构工程评分×0.40=		
8	工程结构质量评分($P_{结}$): 特色工程加分项目加分值(F): $P_{结} = \dfrac{A+B}{0.50} + F$ $P_{结} = \dfrac{A+B_1+B_2+B_3}{0.5} + F$ $P_{结} = \dfrac{A+B_1+B_2+B_3+G}{0.5} + F$					

评价人员：　　　年　　月　　日

第二节 单位工程质量评价

一、单位工程质量评价规定

1. 单位工程质量评价包括地基及桩基工程、结构工程(含地下防水层)、屋面工程、装饰装修工程及安装工程，应在工程竣工验收合格的基础上进行。

2. 评价人员应在工程实体质量和工程档案资料全面检查的基础上，分别按有关表格内容进行查对，逐项作出评价。

3. 单位工程和工程结构凡出现工程结构质量评价中的否决项目之一的不得评优。

4. 单位工程凡符合特色工程加分项目的，可在单位工程评价后按规定直接加分。工程结构和单位工程特色加分，只限加一次，选取一个最大加分项目。

二、单位工程质量综合评价计算：

1. 单位工程质量评价评分应按下式计算：

$$P_{竣}=A+B+C+D+E+F$$

式中 $P_{竣}$——单位工程质量评价得分；
  C——屋面工程权重值实得分；
  D——装饰装修工程权重值实得分；
  E——安装工程权重值实得分；
  F——特色工程加分。

2. 安装工程权重值得分按下面方法计算与调整：

安装工程包括五项内容，当工程安装项目全有时每项权重值为4分；当安装工程项目有缺项时可按安装项目的工作量进行调整，调整时总分值为20分，但各项应当为整数。

三、单位工程质量综合评价表

单位工程质量综合评价表见表9-2。

单位工程质量综合评价表 表 9-2

序号	检查项目	地基与桩基工程评价得分		结构工程评价得分（含地下防水层）		屋面工程评价得分		装饰装修工程评价得分		安装工程评价得分		备注
		应得分	实得分	应得分	实得分	应得分	实得分	应得分	实得分	应得分	实得分	
1	现场质量保证条件	10		10		10		10		10		
2	性能检测	35		30		30		20		30		
3	质量记录	35		25		20		20		30		
4	尺寸偏差及限值实测	15		20		20		10		10		
5	观感质量	5		15		20		40		20		
6	合　　计	(100)		(100)		(100)		(100)		(100)		
7	各部位权重值实得分	$A=$地基与桩基工程评分$\times 0.10=$		$B=$结构工程评分$\times 0.40=$		$C=$屋面工程评分$\times 0.05=$		$D=$装饰装修工程评分$\times 0.25=$		$E=$安装工程评分$\times 0.20=$		
8	单位工程质量评分($P_{竣}$)： 特色工程加分项目加分值(F)： $P_{竣}=A+B+C+D+E+F$											

评价人员：　　　　　年　　月　　日

第三节　单位工程各项目评分汇总及分析

一、单位工程各工程部位、系统评分汇总
单位工程各工程部位、系统评分汇总表见表 9-3。

二、单位工程各部位、系统评分及分析
工程部位、系统的评价项目实际得分(即竖向部分)相加，可根

单位工程质量各项目评价得分汇总表　　　表 9-3

序号	检查项目	地基与桩基工程	结构工程(含地下防水层)	屋面工程	装饰装修工程	安装工程	合计	备注
1	现场质量保证条件							
2	性能检测							
3	质量记录							
4	尺寸偏差及限值实测							
5	观感质量							
	合计							

据得分情况评价分析工程部位、系统的质量水平程度。

三、单位工程各项目评价得分及评价分析

各工程部位、系统相同项目实际评价得分(即横向部分)相加,可根据得分情况评价分析项目的质量水平程度。

四、其他系统及检查项目的评价得分及评价分析

1. 在同一个检查项目中,那个部位、系统的情况更好一些的分析;

2. 在同一部位、系统中,那个检查项目的情况更好一些的分析;

3. 在结构工程、安装工程中,有几部分组成时,检查项目评分还可以分析各子项目的有关情况。

第四节　工程质量评价报告

一、工程结构、单位工程质量评价后均应出具评价报告,评价报告应由评价机构编制。

二、工程质量评价报告的内容

1. 工程概况。

2. 工程评价情况。

3. 工程竣工验收情况；附建设工程竣工验收备案表和有关消防、环保等部门出具的认可文件。

4. 工程结构质量评价情况及结果。

5. 单位工程质量评价情况及结果。

三、工程质量评价报告的要求

1. 工程概况中应说明建设工程的规模、施工工艺及主要的工程特点，施工过程的质量控制情况。

2. 工程质量评价情况应说明委托评价机构，在组织、人员及措施方面所进行的准备工作和评价工作过程。

3. 说明建设、监理、设计、勘察、施工等单位的竣工验收评价结果和意见，并附评价文件。

4. 工程结构和单位工程评价应重点说明工程评价的否决条件及加分条件等审查情况。

5. 工程结构和单位工程质量评价得分及等级情况。